10
CECIL KISHIMOTO

CONTENTS

PHOTO STORY
10 SCENES in PRAHA ———— 004

FASHION
10 PIECES ———— 028
10の名脇役 ———— 044
10のボツ服 ———— 048

BEAUTY
10の顔 ———— 050
10 tips'n tricks ———— 060
10 beauty essentials ———— 062

GOURMET
くいしんぼうの10のゴハンルール。———— 066

SNAP
10人10ルゥ。———— 072

SPECIAL SHOOTING
it's been 10 years... ———— 076

INTERVIEW
CECIL 10 この手の中にあったもの。———— 098

SHOP LIST ———— 122

STAFF ———— 124

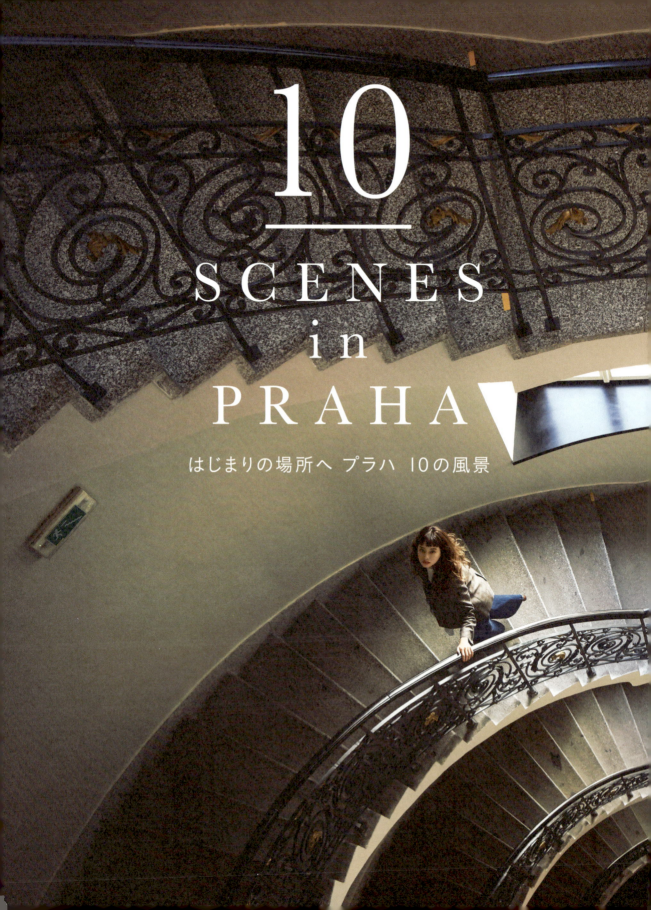

SCENE I / Z letiště do města
10年ぶりの、街へ

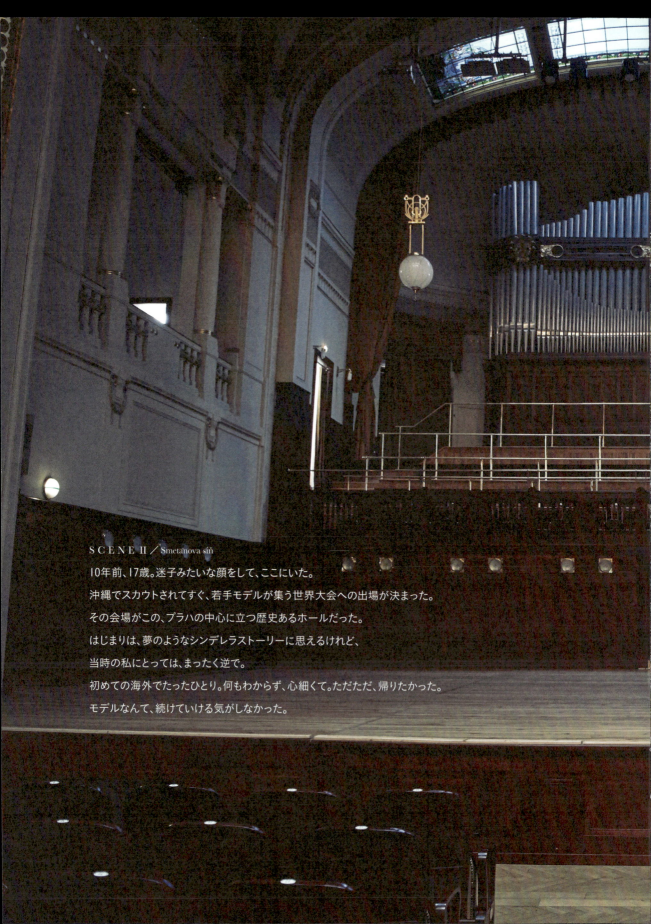

SCENE II ／ Smetanova síň

10年前、17歳。迷子みたいな顔をして、ここにいた。
沖縄でスカウトされてすぐ、若手モデルが集う世界大会への出場が決まった。
その会場がこの、プラハの中心に立つ歴史あるホールだった。
はじまりは、夢のようなシンデレラストーリーに思えるけれど、
当時の私にとっては、まったく逆で。
初めての海外でたったひとり。何もわからず、心細くて。ただただ、帰りたかった。
モデルなんて、続けていける気がしなかった。

SCENE III ／ V jednom pokoji
10年前は、泣いてばかりいた

SCENE IV／Na jedné zahradě na Hradčanech
10年前には訪れなかった場所

SCENE V / Farmářský trh
10年前にはしなかったこと

SCENE VI／Hradčany
10年後、初めてこの街で、笑った

SCENE VII／Opět v témž pokoji
17歳から10年。27歳の私

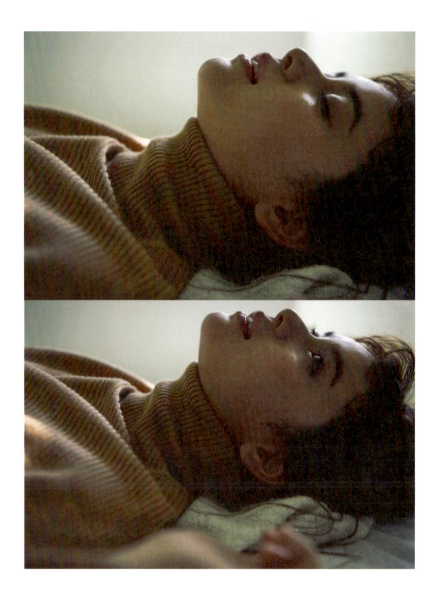

SCENE VIII / Na Hradčanském náměstí
今、この街で、この先の10年を想う

SCENE IX ／ Opět v Obecním domě
さあ、もう一度、はじまりの場所へ

SCENE X ／ Místo, kde to všechno začalo

10年後、27歳。再び訪れたこの場所で、
10年前、17歳の、迷子みたいな顔した自分に会った。
よくがんばったね、がんばってきたね。
心の中で声をかけた。
そんなふうに思えたことに、自分でもすこし、驚いた。
つらかった記憶も、泣いたことも、
すべてが塗り替えられて、"今"になった。
とても、あたたかい気持ち。
また来るね、そう、つぶやいた。
次もまた、新しい私になって。
もう一度、ここから。はじまりの場所から。

10 PIECES

ずっと愛せる、ずっと着回せる10着

雑誌や広告のイメージに合わせてちょっと可愛い服を着てみようかなとか、
つきあっている彼に合わせてやんちゃな服を着てみようかなとか(笑)。
10年間いろいろな服を着たけれど、変わらずにクローゼットの中にあった服がある。
カジュアルで、着心地がラクチンで、着回しがきいて……
どんな流行、どんな気分の時でも結局手に取ってしまう相棒のような服たち。
27歳でたどり着いた、人生に欠かすことができない10着。

トップス・パンツ/サロン ド ナナデェコール

1 グレイのスウェット

デザイン違いで6着くらい持っていて、秋の始まりから春先までだいたいトップスはコレ。合わせやすいし、カジュアル感を強く出したいから色は白や黒じゃなくてグレイがいいんです。／古着（ロクで購入）

2 ケーブル編みのニット

ちょっと大きめ、どんなボトムにも似合うお尻がちょうど半分隠れるくらいの丈、一枚でも決まるように特徴のある編み地、ベーシックな色。ルゥがニットに求める条件はこんな感じ。／古着（アッシュで購入）

3 『リーバイス®』のボーイズデニム

一年の半分くらいはデニム。ルゥ的ベストジーニストはさまぁ～ずさんで、ふたりのように王道のアメカジを楽しみたくて探した、ゆるくて色落ちした一本がいちばんのお気に入り！／古着（ロンハーマンで購入）

4 赤いワンピース

スカートよりもワンピース派。そして、シンプルすぎず、ちょっとパンチがあるデザインのほうが好き。真っ赤なワンピースは似合うねって言ってもらえることが多い、ルゥ的ほめられ服です。／古着（アッシュで購入）

5 MA-1

沖縄育ちの私にとってミリタリーアイテムは子供の頃から身近にあったワードローブのひとつ。シャツやジャケットも好きだけど、最近出番が多いのは女の子でも着やすいコンパクトなMA-1。／ディセンダント

6 レースのブラウス

女らしく見せたい日＝レースアイテムっていうのは10年間ずっと変わりません（単純すぎ？）。メンズライクな服が好きだからこそ、抜け感を出すためにときにはきかせたい一着。／古着（アッシュで購入）

7 ブラックのTシャツ

ただ着るだけでもサマになる。それに大人っぽく見える。だから白Tよりもちょっとだけ黒Tのほうが優勢。コンパクトなシルエットをほめられる『ロク』は、夏になるとずっと着てる。／ロク（ヘインズ×ロク）

8 エスニック柄のワンピース

甘さやとっておきな感じがなく、照れずに着られるから柄ならエスニック柄。うちなーんちゅとしてはゴキゲンなムードも好み。昔は夏になるとよく着ていたけど、好きすぎて最近は冬場も着ています。／Velnica

9 『ディッキーズ』のチノパンツ

普段はこだわりがないけど、パンツだけは信頼のできるブランドからセレクトを。"ゆるいけど、ゆるすぎない"、絶妙な生地感とシルエット！／リトルサニーバイト（ディッキーズ×リトルサニーバイト）

10 ネイビーのオールインワン

おしゃれは好きだけどなるべくラクしたい派なので、コーディネートをあれこれ考えるのが面倒な日のために持っておきたい服。小物やインナー次第で日常にも特別な日にも使えるのが頼もしいんです。／G.V.G.V.

dress up and dress down
この10着があればどんなスタイルも楽しめる

いつものカジュアルでも

グレイのスウェットとエスニック柄のワンピース
常にストレスフリーでいたいからゆる×ゆるのバランスが大好き！ 足もともスニーカーで
とことんカジュアルに。それをヘア＆メイクで女っぽく見せるバランスが基本です。
スウェット・ワンピース／30〜31ページと同じ　靴／VANS

たまのキレイめも

ネイビーのオールインワン
"いつもの服"だけど"いつもと違う"感じ。365日のうち10日くらいはこんな日もあります。
オールインワン／30〜31ページと同じ　ブラウス／イエナ ラ ブークル
コート・靴／オオシマ レイ　ピアス／スピック＆スパン（ラウラ ロンバルディ）

either/or

この10着があれば
男の子にも女の子にもなれる！

男の子気分の日

（上）グレイのスウェットと『ディッキーズ』のチノパンツ
子供の頃からお父さんの服を借りたりして、こんな格好をしていました。
スウェット・チノパンツ／30〜31ページと同じ　バッグ／グッチ
イヤリング／グリーンレーベル リラクシング
メガネ／Continuer（マイキータ）　サスペンダー／ユナイテッドアローズ

（下）ブラックのTシャツと『リーバイス®』のボーイズデニム
メンズ誌のスナップ特集を見てマネっこしてみることもあって。こんな
ふうにビッグシャツをばさっとはおるワザもそこからヒントを得たもの。
Tシャツ・デニム／30〜31ページと同じ　シャツ・バッグ／古着
靴／グッチ　ミサンガ／マチュピチュ　ベルト／charrita

女の子気分の日

（上）ケーブル編みのニット
冬の白でルゥ的モテコーデ。可愛いだけじゃ照れるから、靴は『マーチン』に。
ニット／30〜31ページと同じ　Tシャツ／ザ シンゾーン
靴／ドクターマーチン×NINE　バッグ／カメラマン柴田さんの写真展で
買ったもの　ストール／ザラ　タイツ／ノーブランド

（下）MA-1と赤いワンピース
イメージはロンドンの女の子。可愛くて強さもあって……憧れなんだ。
MA-1・ワンピース／30〜31ページと同じ　靴／アニエスベー
バッグ／DES PRÉS（ホワイティング＆デイヴィス）　帽子／
グリーンレーベル リラクシング　靴下／スピック＆スパン（ドレ ドレ）

035

go with the seasons
この10着があればどんな季節もおしゃれでいられる！

春の日
レースのブラウス
肌が透けるブラウスを着て、素足で『レペット』をはくと「春が来たな」ってうれしくなる。春の始まりだけはちょっとだけガーリーな気分に。
ブラウス／30〜31ページと同じ　タンクトップ／ビームス ウィメン（ヘルスニット）　パンツ／ビューティ＆ユース　靴／レペット
バッグ／古着（アッシュで購入）　イヤリング／ザ ダラス

夏の日
ブラックのTシャツと『ディッキーズ』のチノパンツ
夏はやんちゃに動き回れるコンビで。それに足もとは島ぞうりがお決まり。
Tシャツ・チノパンツ／30〜31ページと同じ　ビスチェ代わりにしたストール／ハリウッド ランチ マーケット（ビンドゥー）　靴／島ぞうり
バッグ／シキカ トウキョウ　サングラス／モスコット
リング／フラッパーズ（シンパシー オブ ソウル スタイル）

秋の日

ケーブル編みのニットとエスニック柄のワンピース
秋はアウターをはおらずに厚手ニット一枚で過ごすのが好き。マキシワンピの上からかぶって、あえて野暮ったいバランスを楽しむことが多いよ。
ニット・ワンピース／30〜31ページと同じ　靴／VANS
バッグ／古着（ジャンティークで購入）
メガネ／アヤメ　靴下／ザ シンゾーン

冬の日

MA-1とグレイのスウェット
上京して10年近くになるけど、いまだに東京の寒さに慣れません……。だから服に埋もれちゃうくらい、重ねられるだけ重ねたい。真っ赤なマフラーを足したりして、見た目も暖かくするのも冬のおしゃれのマイルール。
MA-1・スウェット／30〜31ページと同じ　パンツ／古着
（ジャンティークで購入）　靴／アーバンリサーチ（ビッビシック）

wherever I am
この10着があればどこにだって行けちゃう！

撮影へ

MA-1とネイビーのオールインワン
着替えやすい、動きやすい、ロケバスの中で
寝やすい（笑）。オールインワンは私にとっての
お仕事服。そして『VANS』はお仕事靴です。
MA-1・オールインワン／30〜31ページと同じ
Tシャツ／ロク　靴／VANS
バッグ・バッグにつけた缶バッジ／
古着（アッシュで購入）帽子／RACAL

フェスへ

ブラックのTシャツ
ロックTやロゴTもいいけど、シンプルな黒Tの人は
あまりいないから目立てるし差がつく！
Tシャツ／30〜31ページと同じ　シャツ／
アレキサンダーリーチャン　靴／ドクターマーチン
×NINE　バッグ／ハリウッド ランチ マーケット
（ピンドゥー）サングラス／VIVON　バングル
・ネックレスにしたブレスレット／マチュピチュ

パーティーへ

赤いワンピース
たまにお招ばれするパーティーとか、旅先で
出かけるちょっといいレストランとか。"非日常"にも
対応してくれる頼もしいワンピ。ジャケットと
黒小物を足してもう一歩、ドレスアップを。
ワンピース／30〜31ページと同じ
ジャケット／ザ シンゾーン　靴／セレナテラ
バッグ／アー・ペー・セー　タイツ／シップス

お散歩へ

グレイのスウェット
愛犬トトに起こされて寝ぼけまなこで手に取るのは
いつものスウェット。合わせるボトムはその
へんにあるもの。派手なパンツでもベーシックな
デニムでも……テキトーに着てもいい感じに
まとまるからこのスウェットはやっぱり最高♪
スウェット／30〜31ページと同じ　パンツ／
サカイ　靴／テバ　イヤリング／ザ ダラス

女子会へ

『ディッキーズ』のチノパンツ
女子同士の日だから、チノパンツとだから、
肌見せ に挑戦できる。靴やバッグもレディなものを。
チノパンツ／30〜31ページと同じ　Tシャツ／
ディセンダント　キャミソール／ジルスチュアート
靴／カージュ　バッグ／フリークス ストア
ヘアバンド／ビューティ＆ユース
イヤリング／ドレスアップエブリデイ

打ち合わせへ

レースのブラウスと『リーバイス®』のボーイズデニム
打ち合わせはくだけすぎず、それでいてかしこまり
すぎず……とたどり着いたのがこの組み合わせ。
ブラウス・デニム／30〜31ページと同じ
コート／ジャーナル スタンダード
（スタンドアローン）　靴／ルパートサンダーソン
バッグ／アニタビラルディ　ピアス／フラッパーズ
（シンパシー オブ ソウル スタイル）

just the two of us

この10着があれば彼に可愛いねって言ってもらえる

大好きな海へ、大好きな彼と

赤いワンピース
青い海にも映える、真っ赤なワンピースに
Gジャンをはおってちょっとカジュアルダウン。
「ルゥらしいのがいいね」。そう言ってくれる彼
だから、デートでも甘すぎないバランスで。
ワンピース／30～31ページと同じ
Gジャン／リーバイス®

someday, somewhere
この10着があればいくつになっても自分らしくいられる

お母さんになっても

ブラックのTシャツと『リーバイス®』のボーイズデニム
デニムにハッピーな柄ものを合わせて、
いつまでも自分らしいファッションを楽しみたい。
Tシャツ・デニム／30～31ページと同じ
カーディガン／77サーカ　靴／コンバース　バッグ
／ホールフーズ　イヤリング／エスティーキャット
バギー／GMPインターナショナル（エアバギー）

おばあちゃんになっても

エスニック柄のワンピース
「おばあちゃんになってもあれ着ちゃうの
カッコいいな」って若者に思われるのが理想！
ワンピース／30〜31ページと同じ
ジャケット／ALLSAINTS
帽子／グリーンレーベルリラクシング
メガネ／アヤメ

仕上げのコレがあるからサマになる。
私のおしゃれに必要な10の名脇役

『グッチ』のショルダーバッグ

やっと自分が持っても"浮かない"気がしたから、最近購入したバッグ。目立つロゴが入っているわけじゃないのにひと目でブランドがわかるデザインが素敵だし、持つだけでコーデが格上げされるのも頼もしい。まだ気軽には持てないのだけど、その背すじが伸びる感覚も楽しんでいます。ニット／ローズ バッド（mici）

シルバーフレームの丸メガネ
//

辛口なシルバーフレームに惹かれた『アヤメ』のメガネをかけるのは実は月に2回くらい。あまり登場頻度は高くないんです。でもだからこそ、かけるたびに新鮮な気持ちになるのがいい。文学少女を気取って、格好もちょっとトラッドにまとめたりもして。メガネはコスプレ感覚で楽しむのが好きなのかもしれない。

なごむ絵柄のエコバッグ
//

くたっとした生地感で気が抜けちゃうような絵柄の入ったエコバッグ、集めています。コーデにラフな抜け感をくれるのがいいんです。ゆるキャラが可愛い『LAZY OAF』のものとシンプルな赤いロゴ入りのもの、あとはカメラマン柴田文子さんの展覧会でゲットしたフォトプリント入りの3個が、最近のスタメン！

『ドクターマーチン』のブーツ
//

19歳の時にモデルのアギネス・ディーンに憧れてはいて以来、ルゥにとってもマイベーシックになった靴。王道にボーイッシュに決めるのもいいし、スカートやワンピの日に甘さの引締め役として投入するのも好き。今はいているものは『NINE』とのコラボモデルで、ジッパーつきで着脱しやすいのも理想的なんです。

大きめのフープイヤリング
//

アクセをあれこれつけるのは好きじゃなくて、『ビューティ＆ユース』で見つけたこのフープイヤリングだけを身につけていることが多いです。華奢で繊細だけどつけるとつけないとではまるで違う！ シンプルだけどおしゃれな感じ、カジュアルだけど女らしい感じ……なりたいイメージにぐっと近づけてくれる存在です。

こっくり深い色のネイル

リングやブレスレットをあまり盛らないので、ネイルは大切なアクセサリー代わり。爪が小さいからこっくりとした色が似合うよ、ってヘア&メイクさんに教えてもらって以来、『ディオール』の「970」と「853」がルゥの定番に。派手でビビッドな色よりもシックな色のほうがメンズライクな自分の服に似合うような気がします。

小さな小さなポシェット

バッグが小さいこと、ただそれだけで生まれる特別感がある気がしていて。大きいものより女らしい印象になるし、ちょっとドレスアップするような感覚もある。あとは手があいているほうがラクなのでハンドバッグよりもポシェット派。そんな条件を満たしてくれる『アニタ ビラルディ』のバッグはかなり活躍中です。

『レペット』のバレエ靴

メンズライクなファッションが基本だけど、たまにやってくる「女の子気分の日」には、足もとの『レペット』からコーデを考えたりします。可愛いけどぶりぶりっとした甘さがなくて、上品だけどカジュアルにもちゃんとなじんでくれるのはこの靴だけ。今は赤と黒の2足しか持っていないけど、もっといろいろ揃えたいな。

メンズライクなベレー帽

少し前から撮影でかぶらせてもらうことが多くて、「もしかして私、似合うんじゃない?」と思ったベレー帽(笑)。『グリーンレーベル リラクシング』でゲットしました。ハットほど気取った感じがしなくて、ニット帽ほどほっこりしないのが使いやすい。何かコーデがもの足りないなと思う日に、必ず手に取るもの。

記憶に残るスニーカー

足もとが主役になるような、ちょっと主張のある『VANS』や『コンバース』が大好物！ 海外のスニーカーショップものぞいたりして、少しずつコレクションを増やしているところ。ぴかぴかの新品状態から自分で"育てる"のが好きだから、古着屋さんでは買わないのもこだわりだったりします。ワンピース／ロク

もう着ない、いや着られない
セシル的 10のボツ服

裸みたいに見えた
ダメージデニム

DENIM

キャラ違いの
B-GIRLっぽい
Tシャツ

わき肉が
はみ出ちゃった
ノースリーブトップス

TOPS

SKIRT

短足に見えちゃう
ハンパ丈スカート

COLOR TIGHTS

どのボトムにも
似合わなかった
カラータイツ

モデルの仕事を始めて10年間はファッションへの挑戦と失敗の繰り返しでした。アギネス・ディーンに憧れて買った『ドクターマーチン』の靴は今も私の定番だけど、同じように買った【ダメージデニム】はハードすぎて一度しかはけなかった……。その頃は夜遊びも覚えて、夜の街に似合いそうだからって【B-GIRLっぽいTシャツ】をよく着てたなぁ。夜の街に似合っても、自分には似合ってなかったけど（笑）。そして10代の頃は面倒だから試着せずに買物して失敗することも多かった。わきのお肉がはみ出ちゃった【ノースリーブトップス】とか、脚の形のせいか短足に見える【ハンパ丈スカート】とか。なんとなく派手な見た目に飛びついた【カラータイツ】も、どう使っていいかわからずに悩んだこともあったなぁ……。

流行にのって買ったつもりで、間違っていたことも。ハードロッカーみたいな【スタッズつきニット】は鏡を見てぎょっとしたし、ロシア帽みたいな【ファー帽子】は「あの時のルゥすごかったね」とあとから友達に言われた少し傷ついたり……。極太の【ワイドパンツ】をはいたら男友達に「工事現場から来たのか！」なんて言われた経験も（笑）。最近は大人になったからこそボツにした服もあります。子供っぽく見えちゃう【プチプラTシャツ】とか、「これ、逆セクハラになるかも！」と心配になった【ミニサロペット】はもう封印。……こうして振り返ってみると本当にたくさん失敗したなぁ。でもその経験があるからこそ、おしゃれが上達したんだって思う。勉強させてくれてありがとう、私のボツ服たち！

10の顔

顔と髪を変えるだけでまったく違う自分になれる気がして、
メイクもヘアも、プライベートでもあれこれ研究したり、実践したり。
今回の10個の顔は、すべて私物アイテムを使ったセルフプロデュース。
実は高校生の頃、ヘア&メイクアップアーティストか美容師かスタイリストになりたくて。
小さい頃から絵を描くのが好きで、きっとそれも影響していたのかな。

MY MAKE OVER
セルフメイク実況中継 ▶▶

\START!/
BASE ▶▶

 コンシーラー（**A**）の右上を小指に取って、目の下のくまと小鼻まわりと鼻の頭、ニキビあととか赤みのある部分を消します。優しく、トントンって感じでポイント塗りでOK。適度な硬さと色が合うから、こればかり愛用してる。

EYEBROW ▶▶

 普段はファンデーションを塗らないから、あとはパウダーだけでベースは完了。ベビーパウダー（**B**）を顔全体に軽めに薄くね。

 眉はティントタイプのリキッド（**C**）を使ってる。落ちにくくて便利なの。足りないところを埋めるように一本一本描くよ。

LIP CARE ▶▶   DANCE ▶▶

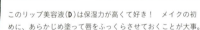 このリップ美容液（**D**）は保湿力が高くて好き！ メイクの初めに、あらかじめ塗って唇をふっくらさせておくことが大事。

はい、ここでブレイク（笑）。大好きな"ももクロちゃん"の曲を聴きながら、踊ったり。実は完コピしてるほど、ラブ♡

EYE SHADOW ▶▶

発色とつや感がちょうどいいアイシャドウ（**E**）は、左上をアイホールに指でのせて右上を二重幅と下まぶたに。陰影を出して、右下を目頭と目尻にライン風にON。最後に左下を下まぶた全体にのせてウルッと。これでモテるかなぁって（笑）。

CHEEK ▶▶   LIP ▶▶

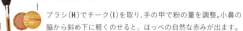 ブラシ（**H**）でチーク（**I**）を取り、手の甲で粉の量を調整。小鼻の脇から斜め下に軽くのせると、ほっぺの自然な赤みが出ます。

ここで前髪を下ろして、くせを取っておきます。そしてマットな赤リップ（**J**）を唇の形にそって塗りつぶして、ん〜ぱっ！

CECIL'S BASIC ITEMS

〃ポーチは SNOOPY♡

最近ルゥがリアルに愛用しているスタメンアイテムはこちら。**A** THREE コレクティングコンシーラー 02・**B** 資生堂 ベビーパウダー（プレスド）・**C** 資生堂 アネッサ パーフェクト アイブロー・**D** イヴ・サンローラン・ボーテ トップ シークレット リップ パーフェクター・**E** THREE アイ ディメンショナルクアッドパレット 02・**F** コージー本舗 アイラッシュカーラー 73・**G** エテュセ パーフェクトセパレートマスカラ・**H** ZAO JAPAN チークブラシ・**I** ZAO JAPAN コンパクトパウダー OJ007・**J** アディクション リップクレヨン 011・スヌーピーのポーチ／セシル私物

MASCARA ▶▶

ビューラー（**F**）でまつ毛を根元からギュッと上げて、毛先に向かって軽く小刻みにプレス。これ、絶妙に目のカーブにピッタリ。マスカラ（**G**）はセパレート力命！ 自然な仕上がりが理想だから、トの根元はしっかりめ、下はサラッと一度塗り程度で。

くっきりしすぎるとちょっと怖い（笑）から、輪郭を指でぼかすようになじませるのがポイント。赤リップは、その日によって変えることも。これで完成ー！

Finish!
トトおまたせ〜
できた！

A PERFECT MATCH

ファッションとメイクのカンケイ

BASIC ITEM

基本のE+G+I・1 M・A・Cリップ
スティック デュボネ／セシル私物

HOW TO MAKE-UP

コーディネートに抜け感がある日こそ、赤リップを手にしちゃう。それくらい全身をまとめてくれるのです。ベースメイクと目もと、チークは前ページの基本と同じで、リップの色を鮮やかな朱赤にチェンジ！ 1をスティックのまま直塗りしたら、軽くティッシュオフしてつやを抑えます。そうするとほどよくマット質感になって、赤リップでも浮かずになじむの。

NATURAL

気分は海外の女の子。シンプル服に赤リップは永遠

054

BOHEMIAN
アーシィなワントーンでまとめる、ボヘミアンスタイル

基本のG＋I・VDL フェスティバル アイシャドウ 1 605・2 604・3 ベアミネラル ジェン ヌード マット リキッド リップカラー フレンドシップ／セシル私物

HOW TO MAKE-UP
ルーズなニュアンスのボヘミアンコーデも、ルックの定番。カーキやベージュ、オレンジみたいな土っぽいイメージに合わせて、メイクもワントーンでまとめるのが気分です。上まぶたに1の赤オレンジを指でぼかして、下まぶたの際にラメオレンジ2をうっすらと。まつ毛とチークは"基本メイク"と同じで、リップはくすんだマットなヌードベージュ3をひと塗り。

BASIC ITEM

基本のG・**1** カネボウ ケイト デザイニング アイブロウ N EX-4・**2** RMK Division インジーニアス リキッド アイライナー EX TH-03・**3** shiro ジンジャーリップバター 7H04／セシル私物

HOW TO MAKE-UP

たまにカラーラインや派手なアイシャドウで、遊んだメイクをするのも好き。ちょっとおめかしした日の"くずし"にもなるし、ルゥらしさのスパイスになってくれる気もする。眉はちょっと濃いめに**1**で描いて、シャドーは塗らずに目尻だけ**2**でシルバーラインを。まつ毛で目もとを引き締めたら、**3**のボルドーグロスを唇に一度塗って、中央に重ね塗りしてムラっぽく。

MODE
お出かけ服にも私らしさを添える、お遊びアイメイク

STREET
濃いめ眉とダークリップのバランスで、ボーイズMIX

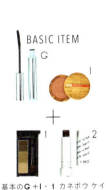

BASIC ITEM G + I

基本のG＋I・**1** カネボウ ケイト デザイニング アイブロウ N EX-4・**2** KIKO MILANO Heart Shaped Lipstick 05／セシル私物

HOW TO MAKE-UP
メンズなワンツーコーデの時は、"おしゃれでやってるぞ感"が欲しくて。眉を**1**でしっかり濃いめに描くだけでキリッと男の子っぽさが出せるけど、**2**のダークレッドのリップで「ちゃんと大人な女性だよ！」っていう感じも出したい（笑）。その分アイシャドウは塗らずに素のまぶたでマイナスして、まつ毛とチークは基本同様に。やっぱり、なんでもバランスが大事！

057

FRESH START

10年目のロングヘア

モデルを始めた10年前、胸下まであった髪。お仕事で甘めの服を着ることも多くて、心の中で"何か違うな"とギャップを感じて、5年前に思いきってショートに。大人になった今、"20代のうちに、もう一度ロングもいいかも!?"と、伸ばせるところまでがんばるつもりです。でも実を言うと……ショートが好き。だって、ラクなんだもん!（笑）。

FOUR ST   ANDARDS

いつものヘアアレンジ

CAP　PIN　RIBBON　ODANGO

PIN　ピンで留めるだけのシンプルアレンジってどこかやんちゃな印象のイメージがあって、『コストコ』とか『イケア』とか行く時になぜかよくやるの（笑）。分け目をざっくり取って、バランスよくランダムにするのがポイントかな。

CAP　キャップをかぶるのは、メンズっぽい服か女の子っぽい服をくずす時のどちらかの日。顔まわりの髪を残して、低め位置でゴムで輪っか状のおだんごにしてまとめるだけ。とにかくザツさが重要で、キレイにまとめないように！

RIBBON　長〜くたれているリボンが、もともと好き♡　ゆるく1本に結んでトップの髪を少し引き出したら、あとはゴムを隠すようにリボン結びをするだけ。シンプルなのにスタイルが加わるし、ちょっとひと手間感がちょうどいい。

ODANGO　おだんごは……バランスがいちばん。頭を下げて手ぐしで集めた髪をぐしゃっとまとめつつ、ゴムで結びながらまとめていくのが定番で、あとはバランスよくピンで留めるの。一発でキマる時もあれば、4、5回やり直す時も。

tips'n tricks キレイをつくる10の習慣

20代初めの頃はオールで朝まで飲むなんてこともあったけど、最近はめっきり。寝る前に白湯か常温の水を飲んで、たまにあずきのホットアイマスクをしてリラックスすることも。基本6時間は寝ないとダメ。一日がんばれない。ちなみに、寝る時はだいたい半目です(笑)。

01 最近は早寝派

02 "ながす"が基本

顔ケアは、パーソナル ビューティ ケア サロン『B-TRAIN』の畠山先生のアドバイスに頼ってます。顔にクリームをつけて首まわりを指でつまんでほぐしたら、リンパにそって斜め下に手で流すの。眉頭とかほうれい線もギュッとプッシュして、骨格を出すイメージで!

肌が本当に潤いが足りない!!って時だけ、コットンパックをします。『ナチュリエ』のハトムギ化粧水をオーガニックコットンにたっぷり浸して数枚にさいて、こんな感じでペタペタと貼るだけ。この化粧水は珍しく肌が荒れないし、潤いチャージができて信頼してます。

04 たまのコットンパック

予定のある時間の40分前に起きて、日の光を浴びて目覚めのコップ1杯の水からスタート。白湯か常温が基本です。目覚めが悪い日はシャワーを浴びてシャキッとね。顔をぬるま湯ですすいで、その後『アクアフレッシュ』と『クリニカアドバンテージ』で歯磨きが定番の流れ。

03 朝のルーティン

もともと運動はあんまりしないけど、愛犬トトを巻き込んで、近所の公園で約30分ほどお散歩ウォーキングをしています。走ることもあって、過去2回ほどコケて流血したことも(笑)。たまに撮影終わりにスタジオから家まで、肩甲骨を動かすのを意識して腕を引くように歩いたりすることもあるかな。

05 トトとウォーキング

06／毎日スクラブ洗顔

たまたまお店で見つけて使い始めた、『SABON』の「フェイスポリッシャー」。メイクも落とせるし、ゴワつきやすい肌がツルンとして落ち着くように。毎晩30秒クルクルなじませてオフするだけ。もう3個目リピート中！

高校卒業くらいまでクルンクルンのくせ毛がイヤだったけど、外国人風の髪型が好きになってから、まぁいっか！って思えるように。傷み防止に必ずドライヤーで乾かしてから寝たり、月1回は美容室に。『SHIMA HARAJUKU LEAP』の那須陽子さんにお願いしてます。

07／ヘアメンテはこまめに

08／肌断食が教えてくれたこと

18〜22歳の頃、本気でニキビに悩んでいて、何をしてもよくならなかったの。雑誌の肌がキレイな写真は、だましているようでイヤだったほど。そんな頃、上野の『アジアン美容クリニック』の鄭先生に「何もしないで！」って言われて、いわゆる肌断食を半信半疑でし始めたら、本当にみるみる改善してびっくり。気にしすぎたり、手間をかけすぎるより、ルゥの肌には"ほどほど"がいいみたい。

09／眉をアップデート

その昔、中島美嘉さんに憧れて細眉にしていたけど、太眉ブームが到来してチャレンジしたら、あれ!?なんか似合わない!?って(笑)。昔の自分の写真を見返して眉尻の下だけ整えて細くしたら、今いい感じなの♡。

10／でもなんだかんだ気にしない！

ここまでアレコレこだわりがある感じでお届けしてますが、基本はやっぱり"なんくるないさ〜"なのかも。考えすぎてもストレスになるだけだし、飽きっぽいとこもあって（笑）。気ままでいることが合ってるみたい。

beauty essentials
キレイをつくる10のアイテム

make-up remover
（右）「よく落ちるのに潤いが残る感じが好き」。サンビオ エイチツーオー D 250㎖￥2800／ビオデルマジャポン （左）「すっきり落ちて目にしみなくて、切れたら困る！」。ソフティモ スーパー ポイントメイクアップリムーバー 230㎖￥647／コーセーコスメポート

face wash
「肌にソフトな、優しい使い心地を重視。これは泡がムニュッと濃密なところが最高。100円ショップの泡立てネットでもこもこにして、手が肌に触れないように優しく数秒洗ってすぐ洗い流します」。専科 パーフェクトホイップn 120g（オープン価格）／資生堂

sunblock
「太陽や海が大好きで、気づくとつい日焼け……なんて時も（涙）。でもこれは一度塗ると落ちにくくて長時間ガードしてくれるみたいで、焼けにくくなったよ」。アネッサ エッセンスUV アクアブースター SPF50+・PA++++ 60㎖￥3000（価格は編集部調べ）／資生堂

beauty roller
「今日はなんだか顔がむくんでるな〜って時の、ながら美容の強い味方！ テレビを見ながら、フェイスラインとか首のリンパを流しています。頭がこってるなって思った時は、こめかみや頭皮までゴリゴリマッサージすることも」。リファエスカラット￥14500／MTG

facial steamer
「毛穴が詰まってると思った日は、スチーマーで開かせてから洗顔してケア終了。たまに保冷剤をタオルで包んでキュッと引き締める日も。メイクのノリもよくなるし、リラックスできるから好き」。スチーマー ナノケア EH-SA37-P（オープン価格）／パナソニック

hairbrush
「雑誌で見て気になって購入してみたら、正解。密度のあるブラシが髪の一本一本の間を通るからか、ふんわりサラサラに。シャンプー前はこれでブラッシングがマスト。泡立ちが違う！」。GB KENT レディースヘアブラシ LC22￥8000／オックスフォードタイム

bath salt
「たまに体が冷えた日に、この泥の入浴剤を入れて湯ぶねにつかります。これ、お湯の質感がなんていうか……ヌルッとなってすっごく肌がしっとりするの!! 不思議な感じでやみつきに」。クレイド キャニスターセット 1kg￥11500／マザーアース・ソリューション

hair oil
（右）「ドライ前につけて乾かすと、髪がまとまってサラッサラに」。エルセーヴ エクストラオーディナリー オイル 100㎖￥1900／ロレアル パリ （左）「ウェットなスタイリングに大活躍！」。ダヴィネス オーセンティック オイル 140㎖￥3900／コンフォートジャパン

shampoo
（右）「頭皮が乾燥しやすいルゥにもOKで、購入。でも高いから特別な時だけに」。CM シャンプー 500㎖￥4900／イソップ・ジャパン （左）「SNSで見て買ってみたらよくて（笑）、スタメンです」。ボタニスト ボタニカル シャンプー（モイスト）490㎖￥1400／I-ne

fragrance
（右）「ユニセックスな香りでお出かけの時に」。ウッド セージ & シー ソルト コロン 30㎖￥8000／ジョー マローン ロンドン （左）「石けんの香りが昔から好きで、これは普段用」。クリーン ウォームコットン オードパルファム 60㎖￥9500／フィッツコーポレーション

01 | このコンビが最強

03 | 太陽が好きなので……

02 | 洗顔にはこだわりあり

07 | 泥パワーで全身潤う

05 | 毛穴詰まりを撃退

04 | むくんだ顔もすっきり

06 | ふんわりサラ髪に

09 | シャンプーは使い分け

08 | ヘアケアはオイル派

10 | 爽やかな香りが好き

063

最近やっとすこしだけ、自分で自分の顔が受け入れられるようになってきました。

ありがたいことに、皆さんがほめてくれるけれど、

実は、私自身は写真を見るたびに、なんでこんなに目がギョロっとしてるんだろう？

おだんごみたいな鼻がもっとシュッとしてくれたらいいのに……とか、常に考えていて。

セルフィーをしようとして、やっぱりダメだ……って途中でやめることばかり。

SNSにあげている写真は、何度もがんばった結果の一枚だったりするんです。

「雑誌を見たよ！ 可愛いね」って言ってもらえても、

「実物と違っていてごめんなさい……」って思ってしまう。

でも最近、「そりゃ違うか！ プロのチカラを借りて

私のいちばんいい写真を撮ってもらっているんだもん！」って前向きに思えるように。

あ、もちろん好きなところもあります。それは、ちゃんとはえている眉。

そして、この本をきっかけにダイエットをしたら復活した、ほっぺたのえくぼ。

太ってしまってなくなっちゃったと思っていたから、久々に会えてうれしいんです（笑）。

くいしんぼうの 10の ゴハンルール。

「ルゥは本当に"がちまやー"やなー」って、小さい頃から言われてます。
"がちまやー"とは沖縄の方言で"くいしんぼう"。もっと言うと"食い意地が張った人"のこと。
食べることが大好きで、ルゥの本能の割合は、「衣・食食食食食・住」(笑)。
おいしいもののためなら、何ごともがんばれるし、誰かと食卓を囲んで
「これおいしい!」、「おいしいねー」しか言わない時間は最高に幸せ♡
毎日、心と体を喜ばせてくれる"普通のゴハン"を大切にしていきたいな。

2 絶対、絶対！
「シャウエッセン」

3 おみそ汁は、
おだしはいつもの、
具は実験

1 朝も夜も、
ご飯はしっかり

1 正直言って「食事制限」苦手です（笑）。満足に食べられないと、途端に元気がなくなっちゃう。自分がおいしいと思うものを、食べたい量で作れるから、週に3～4回は自炊。テーブルにたくさん料理がのっている風景が、幸せ～♡

2 朝食のウインナーはブランド指定！ご飯に合う「シャウエッセン」をフライパンでパリッと焼いて、目玉焼きと一緒に。カリカリ梅入りの納豆と梅干しの小皿も用意して、これがスタンダードにしてパーフェクトな、ルゥの朝食。

3 おみそ汁には、『まるも』鰹ふりだし」のだしパックを。深くて優しい味で、煮物にもOK。おみそは「『タケヤみそ』の「竹伝 麹みそ」。えのきだけのざく切りを具に刻んだ大葉を加えてみたら、香りもよくて、ハマった！

068

4 ハンバーグは
ダブルで

5 小皿に梅干し
（ひとり1個）

6 つけ合わせも
たっぷりと

4 欲張り派！ たねをフライパンで蒸し焼きして、チーズのせには肉汁にウスターソースとケチャップ、バター、チューブのおろしにんにくを混ぜて煮詰めた特製ソースをかけて。和風は大葉と大根おろし、ポン酢でさっぱりと。

5 いつも必ず、ひとりに1個、小皿にのせた梅干しを添えるの。カリカリ梅や沖縄のお菓子「スッパイマン」まで、"梅味"のものを食べると落ち着くんだよね。ご飯のお供には、大粒で甘みのある紀州産の梅干しがお気に入りです。

6 コーンのバター炒めでしょ、ほうれん草のソテーでしょ、それから、沖縄県民にはおなじみのマッシュポテト。ステーキやハンバーグのお肉料理は、ウキウキしちゃうもの。つけ合わせも華やかに盛りつけて、さらに気分をアゲる♪

069

7 沖縄の味は、上京してから電話で母に聞きながら覚えたもの。薄焼き卵に、カリッと焼いたランチョンミートを添えたポーク卵。ミートは実家から取り寄せた『チューリップ』の缶詰じゃないとダメなんです。

8 "しりしり器"は人参を"しりしり"するもの。つまりせん切りにするってことね。絶妙の細さになるので手放せません。ごま油でツナ缶、にらと一緒に炒めあわせたら「ほんだし」だけで味つけするのが岸本家流。

7 ポーク卵には『チューリップ』

8 人参しりしりは「しりしり器」で

9 スープは『キャンベル』の缶

10 ステーキには「A1ソース」

9 『キャンベル』のスープの缶詰って、本当においしいんです。特に沖縄で売っているものは格別な気がする。「クリームマッシュルーム」は、ルゥにとってのソウルフード。ごちそうの日は、いつも必ずコレ。

10 実家からお取り寄せしている、"うちなーゴハン"の三種の神器！ 左奥の「エーワンソース」は、ステーキには欠かせない！ 沖縄県民は、このソースを味わうために肉を焼くと言っても過言ではないのです。

10の器と、想い出と。

「おいしい!」という幸せを連れてきてくれるのは、
ゴハンの味だけじゃない。
一緒に分かちあう相手や、その空間と時間、
まるごと全部が心を喜ばせるんだと思う。
ひとつひとつ、わが家に集ってきた器も、
それぞれが大切な記憶をよみがえらせて、
ルゥのゴハン時間を幸せに彩ってくれます。

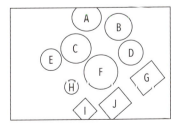

A　インテリアショップでひと目惚れした、ルーマニア製のボウル。
B　このページを撮影してくれた、カメラマンの柴田さんの結婚式の引き出物。ゲストひとりひとりに合わせて選んでくれたという優しい色合い。
C　大人らしく、"ちょっといい器"が欲しくなって購入した小鹿田焼の作家もの。原宿にあったセレクトショップにて。
D　数年前、『non-no』の連載で陶芸教室を取材した時、自分で作りました。
E　最近、沖縄に帰省するたびに"やちむん"(焼き物)を買って帰ります。ブルーの色に惹かれるのか、気がつくと、そればかり選んでる。
F　"やちむん"の大きなうどん皿も沖縄で。柄違いで2枚購入。重かっん!
G　沖縄、『大嶺工房』の読谷山焼の角皿。沖縄の海の色を思わせます。
H　ヘア&メイクアップアーティストの中村未幸さんからのプレゼント。毎食、梅干しをのせる小皿として重宝しています♡
I　こちらも"梅干し皿"。那覇のショップ『yacchi&moon』にて。
J　陶芸を勉強中の沖縄の友人、あいりが私のために焼いてくれたもの。

071

10人10ルゥ。

悩んだり、落ち込んだこともたくさんあったけれど、
仕事の合間やオフの日、そして子供の頃……この10人の想い出の中のルゥは
笑っていたり、変顔したり、すごく幸せそう！ それぞれみんな、大切な人。
そばにいて、一緒に笑っていてくれたから、私は今、ここにいます。

今田耕司さん

テレビ番組『アナザースカイ』で、2012年の10月から2年間、
一緒にMCを務めた今田さん。
ときにはお父さんみたいに心配してくれたり、
活を入れてくれて。でも一緒にワイワイ
お酒も飲めるお兄さんです！
右の写真は2013年、特番のハワイロケにて。
ついこの間もお会いして、下の写真はその時のもの。
また、おいしいゴハン行きましょう♡

初めてルゥちゃんを見たのは
たしか『資生堂』のCMだったかと思います。
「ラブリーに生きろ♥」のキャッチフレーズと共に、
めちゃくちゃスタイリッシュで可愛い女の子が
カメラ目線でどんな男でも落とせるようなウインクを
テレビの向こうから投げかけていました。
そして半年後、『アナザースカイ』の新しいMCとして
実際に相対したルゥちゃんは、
まるで田舎のおばあちゃんのような優しい笑顔で
スタッフひとりひとりに「ちんすこう」を配り歩いていました。
ここまでギャップのある芸能人にはいまだかつて
出会ったことはありませんでした。
あれから何年たっても、その頃と変わらずにいる
ルゥちゃんが僕は大好きです。

佐藤栞里さん

MOREをはじめ、雑誌の現場でいつも仲よし♡
しーちゃんがいるだけで撮影がパーッと明るくなる！
その人柄が大好き♡ 同世代だけど、人としても憧れるし、
忙しくしていると心配してしまう。いちファンです（笑）。

まだルゥに出会う前、ルゥが表紙の雑誌を見て、
あまりの可愛さに衝撃を受けたのを覚えています。
この世界はセシルちゃんみたいな完璧な人の場所だって
あらためて感じて、途方に暮れたくらい（笑）。
だからね、初めて会って話した時、東京での不安を感じていたり、
ひと言ひと言に自信がなさそうだったり
（こんなに可愛いのになんでだろうってその時は思ってたよ！〈笑〉）
そんなルゥは、見えないところでいっぱいがんばってたんだって、
昨日まで雲の上の存在だった人から、クラスで初めてできた
友達みたいな気持ちになれて、すごくうれしかったんだ。
ルゥの言葉はあの時からいつも素直で、あたたかくて、嘘がない。
だからルゥに会うと気持ちがリセットされるよ。
ルゥは、自然と相手の肩の力を抜いてくれる人。
ルゥがまっすぐだから、目の前にいる人も素直になれるんだと思う。
いつも本当にありがとう。また焼肉食べにいこうね♥
がんばったご褒美にご飯も頼んで、お肉バウンドしていっぱい食べよう♥

松山愛里さん

女優のアイリーンこと愛里は、デビュー当時、
事務所社長の家に下宿していた頃からのつきあいで、
親友を超えてもはや家族のような存在。
なんにもしゃべってなくても、お互いのことがわかる♡
年を取ってもそのままの関係が想像できる、ずーっと大好きな人。

セシルと出会って10年になります。
10年間、近くで彼女を見ていますが、いい意味でずっと変わらなくて、
人や物、動物や植物を大切にする、あたたかい心を持った素敵な人です。
彼女といるとたくさんの幸せをもらいます！
誕生日は毎年サプライズでお祝いをしてくれて、
なかでもいちばんの想い出は京都旅行。
朝から夜までびっしりプランを立ててくれて、
途中うれしくて何度も泣きそうになりました。
ふわっとしていておっちょこちょいな一面もありますが
（そういうところも好きです）、頼れるお姉ちゃんです
頻繁に連絡を取らなくても、お互いがお互いのことを理解しているので、
家族のような存在だなぁと思っています。
食の好みがびっくりするくらい似ているので、
おいしいゴハン屋さんの情報が入るとよく一緒に食べにいきます。
くいしんぼうなところも大好きです！！

岸本康子さん

まーまー、って呼んでいる、私のおばあちゃん。ルゥは小さい頃からまーまーっ子。悩みがある時は相談相手になってくれていた。今もそう♡ 誰に対しても見返りを求めない愛をくれる人だなぁと感じています。まーまーのようになりたい！

小さい頃のるーるーは、真っ黒になって走り回って遊ぶ元気いっぱいの子。変顔で周りの人を笑わせるおちゃめな子でしたヨ！ 左下は10歳の頃の写真。飼っていた犬、アキラのことが大好きだったね。東京での仕事がつらそうだった時は、『一生懸命がんばらなくていいよ！ 少しだけがんばって。体だけは、気をつけて。家族はいつも見守っているから、何かあったら言ってね』と、手紙に書いて渡したものです。これからも周りの方々に、感謝の気持ちを忘れずに〜。

柴田文子さん

デビュー当初から、魔法をかけたようにルゥを可愛く撮ってくれるカメラマンのバティさん♡ 私が太ってしまった時はいじりつつ（笑）「今も今でいいよ！」と言ってくれてすごく救われたこと、忘れません！

ルゥさんは、出会った時から素直で可愛くて、撮影の時はいつもキラキラした何かが出ていて、幸せな気持ちにさせてくれます♡ 右上は、『non-no』2011年5月号の連載で。ずっと夢だった「着ぐるみバイト」に挑戦した時の笑顔！ ほかの写真は、軽井沢で作品撮りした時のものですね。遊びながら一日中ルゥさんを撮ることができて楽しかったです。ルゥさん大好き！

由美さん＆モモさん

沖縄で美容室を経営している由美さんと、そのスタッフだったモモさん。ルゥのママとモモさんがお友達だった縁で、15歳の時に由美さんのヘアモデルになったんです。だからふたりが「モデル岸本セシル」の生みの親。泣き虫お子ちゃまルゥを、あたたかく東京に送り出してくれました。ふたりがいなかったら、今の私はいません！

左下の写真が、ルル15歳の時のヘアショーの写真、その時はモデルに興味がなく、撮影の日はだいたいジャージで来ていましたね。進路の相談をされた時に「美容師になりたい」「ヘア＆メイクさんになりたい！」って聞いてビックリしました！ イヤイヤあなたは裏方じゃなく、表に出る人間だよ！ってツッコミを入れたこと、覚えています（笑）。ルルは沖縄の誇り！ ルルを目指し、応援している人がたくさんいること忘れないで！ たくさんの沖縄の愛がルルを包んでいることも！

074

川添カユミさん

初めて出会ったのは、アシスタント時代。
今や大人気のメイクアップアーティストさん。
自信が持てる、素敵なメイクをいつもありがとう♡
カユミさんは、仕事仲間でありながら、
なんでも話せる東京のお姉さんのような存在！
娘、はなちゃんのお母さんとしての顔も
素敵で、私の憧れです。

ルゥちゃんと出会って10年ちょっと。たくさんの想い出があります。沖縄ロケに行ったり、撮影中に変顔大会をしたり、憧れの竹下玲奈ちゃんと一緒にゴハンに行ったこともいい想い出です。誰にでも優しくて、正義感が強く、嘘がないルゥちゃん。10年前と変わらない人柄で一緒にいると心が優しくなるし、ハッピーな気分になるんだなぁ。そんなルゥちゃんが、初めて出会ったその日からずーっと大好きです♡

あいぽん

小学4年から中学2年まで同じクラスだったあいぽん。
今やすっかり腐れ縁だね！（笑）。
一緒に並んで歩いているようで、でもポンはいつも一歩先に
進んでいて、刺激をくれる人。ルゥのくだらない話も
笑って聞いてくれて、いつもありがと♡

ルゥが帰省するたびに、ずーっとおしゃべりしたりゴハンしたり。成人と同時に私も上京したので、時間が合えば落ちあって時間を過ごしてましたね。ルゥのこと、心から誇りに思っています。あまり器用じゃないから、心がいっぱいになってしまうこともあると思うけど、自分で乗り越えていくルゥを見て、私もいつも刺激をもらっています。これからもずっと、ルゥのファンです!! いつもありがとう。

ルゥ's マネージャー

沖縄で、17歳の私をスカウトしてくれたアキさんと
アキさんの産休に伴って、5年目から
担当してくれている丸山さん。ルゥが落ち込んだ時に
いちばん迷惑をかけた人たちでもあります（笑）。
ふたりとも、今や家族のような存在！
これからもよろしくお願いします。

沖縄には何度も足を運び、岸本ファミリーとは親戚のようです。右上の写真は、セシルのお姉ちゃんと獺っ子、そして弟くんと一緒に。アキの娘の誕生にも、すぐに駆けつけてくれましたね。ちなみに丸山の想い出の写真は右下の『アナザースカイ』ハワイ収録時のもの。なぜなら、スカイダイビングに挑戦することになったセッちゃんに「丸山さんも飛ぶならやる！」と言われ、泣く泣く飛んだこと、忘れません（笑）。

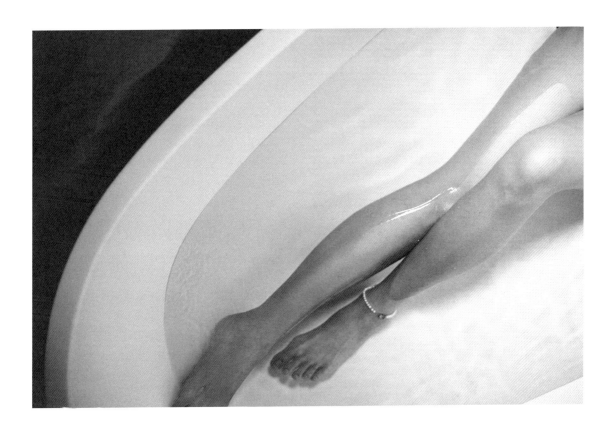

10 CECIL

2007-2017、この手の中にあったもの。

モデルデビューと同時に、一気に人気モデルへの階段を駆け上がったセシル。
でも、その裏側では泣いたり迷ったり悩んだり……
何度も転んでは立ち上がり、
自分の想いを確認するように一歩一歩前に進んだ
不器用な岸本セシルの10年の軌跡。

　　　ふと顔を上げると、そこには見たこともない景色が広がっていて
　　　　　思わずインスタントカメラのシャッターを押した。
　　　　一枚だけ撮った写真、それが唯一のプラハの記録。
　　　17歳の私はうつむいて歩くことしかできなかった。
　　　　不安で、不安で、心細くて、泣いてばかりいた。
　覚えているのはゴツゴツとした石畳の地面の記憶と苦くつらい想い出だけ。
　　いっそ忘れてしまいたかった、ずっと思い出したくなかった、
　　　　　　　私のはじまりの場所、プラハ。
　　　　　あれから10年、今あの街を訪れたら
　　　27歳の私は、何を感じて、何を思うのだろう？
　　　　「もう一度、はじまりの場所に立ってみたい」
　10年ぶりに訪れたその街は、とてもあたたかく、とても美しかった。

「もう一度、プラハの街を訪れてみたい」
──この本の企画が立ち上がった時、セシルの口から飛び出したこの言葉。正直、それは意外な言葉だった。なぜなら、彼女にとってプラハの街は苦い想い出が詰まった場所だったからだ……。

　昼間は学校に通い、放課後はファストフード店でアルバイトをする、"普通の高校生"だったセシルがモデルになるきっかけ、それは新人モデルを発掘するコンテスト『エリートモデルルック』だった。

「知りあいの美容室でヘアモデルをしたことはあって。美容師さんに紹介された事務所の人に『東京観光がてら遊びにおいでよ』と誘われたんです。本当にただ遊びにいくつもりで飛行機に乗ったんですけど……実はそれが『エリートモデルルック』の選考会で。よくわからないまま出場し、気がついた時にはファイナリストに。いつの間にか世界大会が開催されるプラハに行くことが決まっていたんです」
──実はそれまでも何度もスカウトされ、そのたび、頑なに断り続けていたセシル。第三者にはシンデレラストーリーに聞こえるエピソードも、彼女にとっては"想定外"の出来事。突然の展開にただただ戸惑うばかりだった。

「スカウトを断り続けていた理由は……自分とは違う世界だと思っていたから。とにかく目立つのが苦手で。仲のよい友達の前では思いきりバカなこともできるのに、大勢の前に出ると急におとなしくなってしまうような性格だったし。初めて竹下通りに行った時"今日はお祭りがあるんですか?"と本気で聞いたくらい田舎者だったので(笑)。東京なんてとんでもない、モデルの仕事なんて私にはできない……沖縄から出ることすら考えていなかったんですよ」

──当時は漠然と「高校を卒業したら専門学校にでも行こう。その先どうするかはそこで考えればいい」と思っていた。自分の将来を決めるのは"まだまだ先のこと"だったはずなのに、急に動き始めた17歳のセシルの"未来"。
「今、私がその言葉を口に出してしまったらきっとたくさんの人に迷惑をかけてしまう。"やめます"のひと言がどうしても言えなくて……。気がついた時にはプラハの空港にいたんです。海外に行くのは小学生の頃の韓国家族旅行以来。ただでさえ不安なのに、空港からはマネージャーさんとも離れてひとり行動。通訳もいなければ、日本語を話せるスタッフもいない。空港から乗ったバスの中にはほかの国のファイナリストもいたんだけど、英語をしゃべれない

のは私だけ。何に笑っているのかも、何を言っているのかもわからない……その時点ですでに心が折れてしまって。初日からホテルの部屋で大号泣。そんな私を同室のコロンビアの女の子が心配してくれて。彼女は私よりずっと年下だったのに、ベッドの脇で"どうしたの、大丈夫だよ"って、私のことを慰め続けてくれたんです。でも、どんなに励まされても、不安な気持ちは消えなかった……私ね、ファイナリストの中では2番目の年長者だったんだけど、周りの女の子たちから"ベイビー"って呼ばれていたんですよ。それくらい、赤ちゃんみたいに泣いてばかりいたんです」

──10年ぶりに訪れたプラハ。ヴルタヴァ川に浮かぶ船を眺めながら「レッスンの合間にみんなであの遊覧船に乗って。そこでアジアの女の子たちと『ドラえもん』のイラストを描いたの。言葉が通じないから、黙々とお互いにイラストを見せあっては"おお～"と歓声を上げるだけなんだけど。当時の私にとってはそれが唯一のコミュニケーションツールだったんですよね」そんな記憶がよみがえる場面も。想い出を探すように歩いたプラハの街で、何度もセシルが口にしたのがこんな言葉だった。
「あの頃の私はうつむいて歩いていたんだろうね。こんなにキレイな街だったなんて……知らなかった」
──そして、撮影最終日に訪れたのが、ファイナリストのショーを行った劇場。岸本セシルの"はじまりの場所"。広い会場でひとり、高い天井を見上げるセシルの瞳には、10年前とはまた違う"涙"が溢れていた……。
「うまく言葉にできないんだけど。時間はかかったけど、またここに戻ってこられた、あの頃とは違う気持ちでここに立つことができた……"ああ、がんばったんだな、私"って思えたんです。今回プラハに行きたいと思ったのは、10年ぶりに訪れるその場所で、今の自分がどんな気持ちになるのか知りたかったからなんです。そして、実際に訪れたプラハは美しくあたたかく、私の記憶の中のプラハとはまったく違って。よみがえる想い出もすべてが愛おしかった。苦い想い出をいい想い出に変えることができた……。昔の私だったら、きっとそんな気持ちになれなかった。"ここから始まっちゃったんだな"と憂うつな気持ちになっていたと思う。そうなれたのは、モデルの仕事が、今の自分が、好きになれたからだと思うんです。そんな自分を再確認できたのもすごくうれしくて……。10年目の今、プラハに来られて本当によかった」

101

『non-no』2009年3月20日号のカバー（撮影／柴田文子）は多くの反響を呼んだ

モデルの仕事を始めてから、あっという間に変わった日常。

自分の意思とは関係なく、ものごとが進み、環境がどんどん変化していく……

それが怖くてしかたがなかった。

自分の知らない"岸本セシル"がひとり歩きを始めて、

本当の自分がどこかに消えてしまいそうだった。

モデルの仕事が好きになれなかった。

青い空も、青い海もない、グレイな東京が嫌いだった。

あの頃は、毎日、沖縄に帰りたかった。

——書店にはセシルが表紙を飾る『non-no』が並び、街の
あちこちに自分の姿を映した看板やポスターが。雑誌、CM、
広告、PV出演……デビューと同時に、大きな仕事が次々と
舞い込み、人気モデルの階段を一気に駆け上がったセシル。
しかし、その時もまた、彼女は戸惑うばかりだった。
「どうしてずっと避けていたモデルの仕事を始めたのかと
いうと、実は、"どうせ、私に仕事なんか来ないだろう"と
思っていたからなんです。プラハの時と同様に"やめます"の
ひと言が言えないまま、東京に出てきてしまったんだけど。"私
にモデルの仕事ができるはずないし、どうせ、すぐに沖縄
に帰ることになるんだろうな"って。でも、動き始めた現
実は私の予想とはまったく違って……。自分の意思とは関
係なく、目まぐるしく変わっていく環境が、怖くてしかた
なかった。あの頃はいつも思ってた。"私、どうなっちゃ
うんだろう"って」

——さらに、セシルを苦しめたのがこんな想いだった。
「当時、専属モデルをしていた『non-no』では"ガーリー
担当"として、甘いメイクをして甘いファッションに身を包む
ことが多くて、雑誌のイメージのまま"女の子らしい人"だ
と思われてしまうことも多かったんです。でも、本当の私
は正反対。カジュアルでボーイッシュ、性格も"ガーリー"
とはほど遠い感じだったから。イメージばかりが先行して、
本当の私が消えてしまいそうな気がして……それがスゴク
怖かった。また、そんな雑誌の私を見て、知らない女の子
たちが"セシルちゃんみたいになりたい"と言ってくれる。
今なら素直に喜べる言葉も、当時の私にはただ苦しいだけ
で。というのも、メイクさんとカメラマンさんの技術で写
真はつや肌に仕上がっているけど、あの頃の私の肌はスト
レスでボロボロ。本当の私はガーリーでもなければ写真み

たいに素敵じゃない、私はみんなに"なりたい"と言っても
らえるような女の子じゃない。読者の女の子たちを騙して
いるような気持ちになってしまったんです。それが苦しく
て苦しくて……コンビニで自分が表紙を飾る雑誌を全部裏
返してしまったりして。なかなか"モデル"としての自分を
受け入れることができなかったんですよね」

——東京にもいつまでも慣れることができなかった。今で
も忘れられないのが「東京はいつもこんなにグレイなんで
すか?」というセシルの言葉。そして、あの時の彼女は「空
も海も青くなくて驚いた」と寂しそうに微笑み、最後に小
さな声でこうつぶやいたのだった。「沖縄に帰りたい」。
「沖縄では当たり前だったものが東京にはなくて。ああ、
私はあの空や海が好きだったんだなって、東京に来て初め
て、沖縄の素晴らしさを知ったんですよ。また、東京は沖
縄と違い、街を行く人の歩調も、ものごとの動きも、何も
かもスピードが速い……そこに追いつくことができなかっ
た。それは、人との会話も同じ。さっきまでこの話題で盛
り上がっていたのに、いつの間にか話題が変わっている
……流れていく会話にも追いつけず、気づいたら、何をし
ゃべっていいのかわからなくなっている自分がいて。"私
が今しゃべったらこの会話の流れを遮ってしまう。だった
ら、黙っていよう"、そう思うようになってしまったんです」
——スタジオのテーブルの端っこに遠慮ぎみに座り、コミュ
ニケーションを避けるように携帯電話をいじり続け、話しか
けるときこちなく微笑む……それが当時のセシルの姿。
「携帯電話をいじり続けるのにも限界があるから、しまい
にはテーブルのお菓子やドリンクの成分表を眺めたりして。
そのお菓子が少ない時は焦ったのを今でも覚えてる。どう
しよう、今日は時間を持てあましてしまうかもしれないって」

──不安や戸惑いの中で、自分の殻にとじこもるようになってしまったセシル。そこに追い打ちをかけるように起きたのが、こんな出来事だった。

「当時の私にとっては、なかなか抜けない沖縄なまりもコンプレックスだったんだけど、さらに、CMで私の声が流れた時、それを観た人たちからこんなことを言われてしまったんですよ。『声が低い』、『イメージと違う』って。そこで、自分の"声"が決定的なコンプレックスになってしまって……さらにしゃべるのが怖くなってしまったんです。また、ただでさえ"モデルの自分"と"本当の自分"の違いに悩んでいたのに、そこでさらに"ああ、私はみんなが求める岸本セシルでいなければいけないんだ"って、そういう気持ちにもなってしまったというか。誰もそんなこと言っていないのに、勝手にそう思い込んでしまったんですよね。東京にいる時はいつも息苦しくて、沖縄に帰った時だけ"素"の自分に戻れた。思いきり深呼吸することができた。だからこそ、いつも沖縄に帰りたかった……」

──その頃は、月に1回、多い時は月に2～3回沖縄に帰省。飛行機にすぐ飛び乗れるように、スーツケースを引きずってスタジオに現れる、それはよくある光景だった。

「でもね、沖縄に帰ると、東京に戻るのがさらにつらくなってしまうんです」

──荷造りをしながら泣くのはいつものこと。「病気になれば戻らなくてすむかもしれない」と、帰り際に「具合が悪くなりますように」と祈ったことも。空港のトイレで泣きながら「東京に戻りたくない」とマネージャーに電話をかけたのも、一度や二度のことではない。

「あの頃は搭乗ゲートが本当に嫌いだった。あそこを通り抜けたら最後、東京に戻らなければいけなかったから」

──現場ではそんな気持ちをグッとこらえ、涙を見せることはなかったセシルだが、一度だけこんなことがあった。

「撮影中に涙が止まらなくなってしまったことがあるんです。しかも、次から次へと溢れてくるその涙を自分では止めることができなくて……トイレの個室からマネージャーさんに電話をかけたんです。『今日はもう撮影を続けることができないかもしれない。お願いだから、迎えにきてください』って。今、振り返ると、もうちょっと気楽に考えればいいのに、気持ちを切り替えて楽しめばいいのにって思うんだけど、当時はそれができなかった。急激な変化の中にいたからこそ、頑なに"変わりたくない"、"変わっち

ゃいけない"って、あの頃の私は必死に足を踏んばっていたのかもしれないね」

──それでも、責任感だけは誰よりも強く「みんなの期待に応えなければいけない」と、重い足を引きずるように撮影現場へ向かっていたセシル。しかし、注目を集めれば集めるほど、苦しくなっていく心……。

「今思うと本当にありえないことだし、ここで話すのもスゴク恥ずかしいんだけど……ある朝、起きたら、スタジオに行けなくなっている自分がいたんです。頭では"行かなくちゃいけない。みんなに迷惑をかけてしまう"とわかってはいるんだけど、どうしても、家を出ることができなくて。インターホンも、携帯電話も、すべて切って家にとじこもってしまったんです。あの時はたくさんの人に迷惑だけでなく心配もかけてしまって……」

──気がついた時には、自分ではどうにもできないほど、いっぱいいっぱいになっていた。

──当時のセシルはよくこんな言葉を口にしていた。「モデルは私がやりたくて始めた仕事じゃないから。モデルになりたい女の子はたくさんいるのに、私なんかがここにいていいのかなって。カメラの前に立つたびに申し訳ない気持ちになってしまうんです」。真面目すぎるほどに真面目で不器用。だからこそ、悩み迷ってばかりいたあの頃。

「モデルの仕事を始めた途端、いろんな仕事が舞い込んできて……今振り返るとね、私ってすごく運がいいと思うんですよ。でもね、何よりも幸運だったと思うのは、ダメな私を見捨てずに、見守ってくれる人たちに出会えたこと。仕事現場に来ないで家に引きこもったりしたら、普通、もう二度と撮影に呼んでもらえないと思う。事務所や雑誌の専属を、クビになってもおかしくない。そもそも、誰も一緒に仕事したくないよね、『沖縄に帰りたい』ばかり言っているモデルなんて。でも、そんな私を見捨てずに、辛抱強く、私が撮影現場に戻るのを、みんな待ち続けてくれた。今もね、当時のスタッフさんに会って『あれから10年たったんだよ』なんて話をすると、『よくがんばったね』って涙ぐみながら喜んでくれたりして……。ああ、ダメだ、涙が出てきた!! なんかね、東京に来たばかりの頃はひとりぼっちな気がしていたんです。でも、周りはいつだって私のことを想い考えてくれていて……。だからこそ、思うの。そんな大切な人たちへ恩返しするためにも、求められる限り、この仕事を続けていかなきゃいけないなって」

（左上）17歳。モデルとしての第一歩を踏み出したばかりのセシル（撮影／Hironobu Onodera）。（右上）写真家・映画監督の蜷川実花さんが沖縄を訪れて撮影。まだ上京する前だった。作品集『M girl 2008 Spring&Summer』（INFAS）に収録。そしてモデルデビューと同時にオファーが殺到。雑誌から広告まで次々にメディアに登場するように。（左下）雑誌初登場は『NYLON JAPAN』2007年9月号。「ニューフェイス10人が着る10ブランドの秋の新作」（撮影／kisimari）（右中）コンピレーションアルバム『BEAUTIFUL TECHNO』（FOR LIFE MUSIC ENTERTAINMENT）のジャケット。2008年4月に撮影（撮影／TAKAKI_KUMADA）（右下）2010年から2016年までミューズを務めた『インテグレート』（資生堂）。初めてのCMはメキシコで撮影された。

気がつくと、東京に友達が増えていた。"ありのままの自分"でいられる場所ができた。
大嫌いだった東京がほんのすこし好きになった。この仕事を始めた時から
ずっと探していた"自分がモデルをやる意味"。
「誰かの力になれているんだ」と感じることができた時
やっとそれを見つけることができた気がした。モデルの仕事もどんどん好きになっていった。
それが、22歳の私、5年目の岸本セシル。

（左上）東日本大震災後、何度も被災地へ。福島でのイベント、『希望 イロイロ バルーン展』に参加したり、（左下）三陸鉄道南リアス線「恋し浜駅」の一日駅長を務めたことも。（中下）女川町では、復興に携わる町民の皆さんとのふれあいも。（中上）MCを務めた『アナザースカイ』で訪れたハワイ。（右上）髪をばっさり切った5年目のセシル。

「モデルの仕事が楽しくなったのは……3年くらいたった頃なのかな。少しずつ東京に友達が増えて、沖縄だけでなく東京にも"素"の自分でいられる場所ができた、"ありのままの自分"でいられる時間が増えた、それが最初のきっかけだった気がする。同時にようやく、みんなでひとつの作品をつくり出していく、というモデルの仕事の楽しみを見つけることができるようになってきて。読者の女の子たちが私に向けてくれる"可愛い"という言葉もやっと受け入れることができるようになったんです。これは、私ひとりではなく、みんなでつくり上げた作品に向けられている言葉なんだなって。そんなふうに、モデルの仕事も東京も、少しずつ楽しめるようになっていたんだけど……。実はね、私をいちばん変えたのは東日本大震災なんですよ」

──そして「あの時は、何もできない自分が本当に歯がゆくて、毎日"自分に何かできることはないか?"と探していた気がする……」と言葉を続けたセシル。震災直後、東京もまた混乱していた。そんな中、今でも印象に残っているのが、リュックを背負い、停電で真っ暗な撮影場所に現れたセシルの姿だ。真っ先に「沖縄に帰る」と言い出しそうなセシルが「今、やれることをやらなくちゃいけない」と、誰よりも熱い気持ちでカメラの前に立っていた。

「何かしてあげたくても、何もできない……あの頃は、何もできない無力さをずっと感じていた。だからこそ"今できることをしよう"って。毎日、撮影現場に向かっていたの。同時に、あの時ほど"モデルの仕事の意味ってなんだろう?"と考えたことはなくって……。そんな私の背中を押してくれたのが、ブログやツイッターに寄せられた"セシルちゃんの笑顔を見ると気持ちが明るくなります"、"セシルちゃんの笑顔に元気をもらっています"という、被災地の女の子たちからのメッセージだったんです」

──「こんな自分でも誰かのためになれているんだ」。それはセシルの大きな力になった。

「それまではね、"自分がモデルをやる意味"を見つけられずにいたんです。"セシルちゃんみたいになりたい"という声が届いても"私じゃなくても"と思ってしまう自分がいたりして。モデルを始めてから"私はなんでこの仕事をしているんだろう"と、その答えを探し続けていたんだけど、東日本大震災をきっかけにその答えをやっと見つけることができた……。その日から、私はずっとこんな気持ちでカメラの前に立ち続けているんです。被災地の女の子のように"私の笑顔で元気が出る"と言ってくれる人がいるな

ら、私はその人たちのためにがんばろう、って。」

──長かった髪の毛をばっさりカットしてベリーショートになったのは、デビューから5年目の出来事。

「ガーリーなイメージから脱したくて。髪の毛はずっと短くしたかったんです。でも、モデルという仕事上、勝手に切ることはできない……。この時は、編集部はもちろん、CMのクライアントさんにまで、自分で掛けあい、説得したんですよ。"どうしてもベリーショートにしたいんです!"って。それくらい、変えたくてしかたがなかったの」

──髪を切って自分らしくカメラの前に立てるようになった。さらに呼吸がしやすくなった……。それまでは「事務所との契約更新の時期が来たら、モデルの仕事をやめて沖縄に帰る」そう言い続け、「あと何年」と指折り数えていたセシルだが、ある時それをやめた。そして、心待ちにしていた"その日"が訪れた時、彼女は自ら言ったのだ。「モデルの仕事を続けます」と。その決意を感じたのが、声がコンプレックスだったはずのセシルが挑戦した『アナザースカイ』のMCの仕事。「自分から"やります!"と思いたって飛び込んでみたものの、実際はポンコツMCで周りに迷惑かけてばかりいたんですけどね」と笑う。

「振り返るとね、モデルの仕事と前向きな気持ちで向きあえるようになったのは、SNSも大きなきっかけになっているんです。インスタグラムでは飾らない本当の自分の写真をアップしているんだけど、酔っ払って『うえ〜い』と言っている私も、変顔も、スッピンで油断しまくっている私も……全然カッコよくない私を見ても、みんなは笑ってくれたり、『いいね』と言ってくれたりして。なんかね、気持ちがすごくラクになったんです。"どんな私もみんなは受け入れてくれる。このままの私でいいんだな"って。ずっと"モデル"と"本当の自分"のギャップに居心地の悪さを感じていたけれど、ようやく、それがひとつになり始めたというか。そこからなんですよ、飾らずに、自然体の自分でカメラの前に立てるようになったのは」

──そして、続いたのがセシルらしいこんな言葉。

「被災地の女の子たちが"モデルをやる意味"を教えてくれた、私を心援してくれるみんながSNSを通して"そのままでいいんだよ"と教えてくれた、ダメダメだった私がほんのすこしだけ成長することができた……。こうやって振り返ると心から思うの。私は自分ひとりで育ったわけじゃない、みんなに育ててもらったんだなって」

揺れ動く私の心をそのまま表すように、
太ったり、やせたり……体重や体型も大きく変動。
モデルの仕事を始めてからの10年間は、
ダイエットとの闘いでした。
弱い私はその闘いに負けてばかりいたけれど、
勝てるようになった今はこう思うんです。
「やっぱり、やせたら、楽しい!!」

「最初に太ったのは20歳の頃。原因は"覚えたてのお酒"でした（笑）。ちょうど、東京に友達が増えてきた頃だったから、友達と一緒に飲みにいくのが楽しくて、沖縄ノリで梅酒をジュースみたいにガバガバ飲んでいたの。今でもよく覚えているのが22歳、人生初の本をつくることになった時のこと。あまりにも太っている私を見かねた編集長から『5kgやせないと本を出しません』と言われてしまったんです。その時ばかりは本気でダイエット！ 結果、4.5kgしかやせることができなかったんですけどね（笑）」

── 2度目に太ってしまったのが『non-no』を卒業して『MORE』に出始めた頃。

「私にとって『non-no』は自分を育ててくれた"実家"のような場所だったから、そこを出て新しい環境に飛び込むのは……やっぱり勇気が必要だったんだと思う。しかも、その時の私はもう新人ではない。プロのモデルとして周りの期待に応えなくちゃいけない、"しっかりしなきゃ"という想いばかりがから回りしてしまって、気づかぬうちにストレスをため込み……結果、またもや激太り。デニムのボタンが閉まらなくてシャツの裾で隠しながら撮影したこともあれば、友達から『ベイマックス』とあだ名をつけられたことも。それくらい太ってしまったんですよ」

── もちろん、そんなモデルに仕事が来るはずもなく、撮影に呼ばれる回数が激減。焦ってダイエットするものの、その努力はなかなか体重に反映されず、それがまたストレスになってリバウンド。ますます減っていくモデルの仕事。そして、その不安から逃げるようにまた友達と飲みにいってしまう……心の弱さが招いてしまった負のループ。

「あの頃は、本当に自分でもどうしたらいいのかわからなくて、ただただ自己嫌悪に陥る毎日。もう私はモデルを続けていくことができないかもしれないって、一時期、本気で休業を考えたこともあったんです」

── そんな負のループから引き上げてくれたのもまた"人"だった。本気で叱ってくれる友達、へこんでいる時に周りがかけてくれる「セシルなら絶対にできるよ」という言葉。

「こんなダメな私のことを信じてくれる人がいる、それが私の背中を押してくれたんです。"信じてくれる人のために、その想いに、ちゃんと応えないと"って。そこからなのかな、とにかく無理をしてストレスをためるとリバウンドしてしまうから、過度な食事制限はしない、楽しみながら続けることができるメニューを考える……焦らず、ゆっくり、健康的に、自分に合った方法を探してダイエットできるようになったのは」

── 「もともと太りやすい体質だし、心の揺らぎがすぐ体重に出てしまうタイプだから……。その後も太ってはダイエットしての繰り返し。まるで乗り越えたみたいに話しているけど、今だってまだまだ闘いの途中ですからね」と笑ったセシル。

「実はね、今回の本をつくる時も編集さんから言われてしまったんですよ。"もうちょっとやせようか"って。10周年を記念するこの本は私にとってもすごく特別なものだったから。"この10年で今の自分がいちばんキレイ"と胸を張れるくらいの写真を残したいと思って。22歳の頃と同じくらいの情熱でダイエットに励みました。でも……これがビックリするくらいやせなくて!! 以前と同じことをしても成果が出ない。この10年で変化したのは気持ちだけじゃない、自分の体が変わっていることも思いきり痛感したんですよ」

── そこで、セシルがとったのが「自分ひとりでは限界がある。潔くプロの手を借りる！」という方法だった。

「モデル仲間にオススメの痩身エステを聞いて。痛いのが大嫌いなこの私が"効果はテキメン、だけど、めちゃくちゃ痛い"でおなじみのリンパマッサージに通ったりして。実は私、本格的にプロの手を借りるのはこれが初めて。決断したもののどこに行ったらいいのかもわからない、モデルとしての知識が足りない……10年目にしてまたあらためて、ダメな自分を反省してしまいました（笑）」

── 食事制限はもちろん、大好きなお酒も控えた。「そのおかげかお酒がすごく弱くなっちゃって。一度、友達とワインを4杯飲んだんだけど……それだけで泥酔。朝起きたらおでこにたんこぶができていた」なんてエピソードも。そのかいあってダイエットに成功。「マックスの頃に比べると今はマイナス10kg!!」とうれしそうに教えてくれた。

「そんな今思うのは……やっぱりやせたら楽しい!! まず、周りからの"大丈夫？"っていう、不安に満ちた視線を感じなくてすむし（笑）。前は"太って見えない角度"ばかり気にしていたけど、やせればそんなこと気にしなくていい。カメラの前でより自由に動けるようになったんです。ポージングの幅もぐんと広がりました。また、好きな服が着られる、おしゃれを思いきり楽しむことができる……それはモデルとしてだけでなく、ひとりの女の子としても小さな自信につながるんですよね。街を歩く時も、いつもよりほんのすこしだけど胸を張れるというか」

迷って、悩んで、立ち止まってはまた歩き始めたり、
ぐるぐると遠回りばかりしてきた私が
10年かけて、ようやく見つけた"自分らしい歩き方"。
相変わらず、自信がないダメダメな私だけど
「こんな自分も悪くないな」って思えるようになった。
ほんのすこし、自分のことが好きになれた。
毎日をちゃんと楽しめるようになった。
17歳のあの頃は下ばかり向いていた私だけど
27歳の今の私はちゃんと前を向いて歩いている。

「この10年、悩んだり、迷ったり、ぐるぐると遠回りばかりしてきたような気がするけど……。今はね、気持ちがちゃんと前を向いていて、毎日がすごく楽しいんですよ!!」

——ここ最近「変化の時期にいるのを感じている」と語っていたセシル。実際に、ボディボードを始めたり、旅行を楽しむようになったり、最近の彼女はとてもアクティブ。興味のあることにどんどんトライしながら、日々を楽しんでいるのがとてもよく伝わってくる。

「今までは興味のあることに出合っても"大変そうだし"、"今は忙しいし"って言い訳を探しては"いつかやればいっか"って後回しにしてばかりいたんです。でもね、最近はその"言い訳"をやめたの。"いつか"ではなく"今"やりたいことを、ちゃんと"有言実行"しようって。そんな気持ちで一歩踏み出したら、世界がぐんと広がった。新しい経験をすると、新しい興味が生まれ、それがまた新しい挑戦や経験を呼ぶ……毎日がどんどん楽しくなっているんです」

——変化の裏にはこんなセシルの想いも。

「"見てくれる人が笑顔になるようなモデルになる"。それが私の目標だったはずなのに……。なんかね、そうなれていない自分を感じたんですよ。これはきっと、モデルの仕事を好きになれたからこそなんだろうけど……。活躍の場をどんどん広げていくモデル仲間の姿を見ては"あれ? 私はこのままでいいのかな"って無駄に焦ってしまったり、ほかのモデルと自分を比べては"ああ、私はダメだな"って落ち込んでしまったり……。モデルを始めた頃とはまた違う、悩みや焦りが生まれるようになってしまったんだよね。そして、気がついたら、よけいなことばかり気にして"楽しむこと"を忘れてしまっている自分がいた……。そんなある日、ふと思ったんです。"あれ、私がなりたかったのってこんな自分だったっけ?"って、"こんな自分じゃ誰のことも笑顔にできないよね"って。そして、さらに思ったの。"誰かを笑顔にするためには、まず自分が毎日をちゃんと笑顔で過ごさなければいけない。もう一度、自分らしく楽しむことから始めよう"って。そう考えるようになってからなんですよ、"いつか"ではなく"今"に目を向けながら毎日を楽しめるようになったのは」

「私ね、今も昔も、周りの人から"欲がない"って言われるんです。たしかに、目標や目的を掲げて、そこに向かっていい意味で貪欲に突き進んでいく……そういう人を見ると"すごいな"と思うし憧れる。でも、それは明らかに自分の中にはない要素で。以前はね、そうなれない自分がコンプレックスだったりもしたんです。やっぱり"こんな私はダメなのかな"って。また、昔も今も、どうしても自分に"自信"を持つことができなくて。雑誌に載っている私を見て『すごいね』と言ってくれる人もいるけど、それはメイクさんやカメラマンさん、関わるスタッフ全員の力があってこその"すごい"であって……。カメラの前では"モデル"だけど、スタジオを出れば"普通の女の子"。できないこともたくさんあるし、ダメなところだっていっぱいある。モデルとしても、ひとりの人間としても、まだまだ足りないものばかりで……。なんだろう、うまく言葉にできないんだけど。そんな自分を知っているからこそ、多くを求めない私がいるというか。周りから"すごい!"と羨ましがられるような幸せを求める人もいるけど、私は自分の身の丈に合った幸せを大事にしたいなって、遠くの幸せより目の前にある小さな幸せにちゃんと気づける自分でありたいなって思うんです」

——ひとつひとつ自分の想いを確認するようにそう語り、「うーん、言葉にするのって難しい! 10年たっても自分の気持ちを伝えるのが本当にヘタクソ! こういう不器用なところもまた、いつまでも自信が持てない原因のひとつなんです」と笑ったセシル。

「今まではね、そんな自分があまり好きになれなかったの。もっと欲を出さないと、自信を持たないとって。でもね、前向きな気持ちで毎日を楽しめるようになってからは"こんな自分でもいいんじゃないかな"って思えるようになったんですよ。誰かに憧れても、誰かと比べて落ち込んでも、その人になれるわけじゃない。"これが、私"。誰かのマネをしなくても、自分らしく歩いていけばいいじゃんって。そう思えるようになったら、気持ちがすこしラクになった、ほんのすこしだけど、自分のことが好きになれた……」

——10年かけてようやく見つけた"自分らしい歩き方"。

「ここにたどり着くまで10年かかってしまいました。本当に自分でも呆れるくらいノロマ!!（笑）。いつだって最初の一歩は恐る恐る、前に進むのがとにかく遅くて、いつまでたっても『うさぎとかめ』のうさぎになれない……相変わらず私はダメダメで今も落ち込むことが多いんだけど（笑）。最近は思うんです。自分をごまかすことができず、いつだってバカ正直に、真正面から壁にぶち当たってばかり。でも、そうやって悩み進んできたからこそ、10年目の今、なんの嘘もなく心から笑うことができる……"こんな私も悪くないな"って。

111

この10年、泣いた、笑った、恋をした……。そして今、私は、"最後の恋"をしている。

「17歳の頃、つきあっていたのは野球部の彼。中学卒業の春休みから上京後も遠距離恋愛していました。プラハで泣いてばかりいた私を陰で支えてくれたのも実は彼なんです。毎晩、泣きながら国際電話をかけて、その結果、翌月に7万～8万円の請求が来て驚いたっていう。それもまた、今となってはいい想い出（笑）」

——多くの人に支えられながら歩いてきたセシルだが、恋人もまた彼女を支えてきた大切な存在。

「家族や友達に言えないことも好きな人には話せる、正直な感情をぶつけることもできる……私にとって"好きな人の前"はいちばん素直になれる大切な場所なんです」

——だからこそ、適当な恋はしない。いつだって、セシルの恋は真剣で全力。

「好きな人を振り向かせたくて、夜中に2時間電車に乗って会いにいったこともあるし、自分の思いどおりにならない恋に振り回されたことだってある。恋愛をする時は私も"普通の女の子"。モデルだから恵まれていると感じたことなんて一度もない。みんなと同じ、たくさん笑いもしたけど、たくさんの涙も流してきましたから」

——この10年、いくつかの恋も経験した。そして今、セシルは"最後の恋"をしている。

「つきあって3年目。今年の1月、彼と一緒にイタリアとスペインを旅して。その最終日、花束を抱えひざまづいた彼にプロポーズされたんです。『結婚してください』って……。実はその時、私は着替えている途中で。下着姿のままアワアワしちゃったんだけど（笑）。ちゃんと彼の目を見て答えました。『よろしくお願いします』って」

——そう語る彼女の左手の薬指にはキラリと光る婚約指輪が。「私を驚かせようと思ったんでしょうね。彼は『コーヒーを買いにいく』と言ってホテルの外に出たんです。その間に、私はお風呂に入ろうと思って着替えていたんだけど、彼がまさかの花束を抱えて戻ってきて……。下着姿の私を見て、彼もきっと慌ててたと思う（笑）」そう笑いながらプロポーズのエピソードを語り、「今は本当に幸せです」と照れくさそうに微笑む。

「結婚はね、彼とつきあい始めてすぐに意識するようになったんです。"あ、この人なんだ"って。それまでつきあ

ってきた人たちは外見も中身もバラバラで、私の恋愛には"タイプ"というものが存在しないんだと思っていたんだけど。彼と一緒にいて初めて気づかされたの。"私のタイプってこういう人だったんだ!!"って。それくらい、とにかく一緒に過ごす時間が心地いいんです。好きなものも、嫌いなものも、波長も……"違うのは性別だけじゃないか"って思うくらい、私たちは本当によく似ている。ソウルメイトというか、まるで親友が恋人になったような感じ。似ているだけにぶつかることも多いんですけどね（笑）。誰よりも彼が私を理解してくれる、私も彼を理解することができる、いつもすぐそばに"いちばんの理解者"がいてくれる……。今はね、ずっと探していた"自分の居場所"をようやく見つけることができた、そんな気持ちでいっぱいなんです」

——そして、続いたのがこの言葉だった。

「きっとね、私が毎日を楽しめるようになったのは彼のおかげなんです。彼は"あれやろう"、"これやろう"をすぐにカタチにする人。私が今まで"いつかやろう"と先延ばしにしていたことすべて、彼に出会ってからの約3年の間に一気に経験することができたの。また、彼は本気で"オレは絶対に100歳まで生きる！"と宣言しちゃうくらいポジティブな人で。そこだけは私と違うところなんだけど（笑）。そんな彼と過ごす毎日の中で気づかされることもたくさんあった。"自分らしくもう一度楽しむことを始めよう"、"自分らしく歩いていこう"と、思えるようになったのもそう。彼のポジティブさに引っぱられるように、私もどんどん前向きになっていったんです。最近、周りから『楽しそうだね』、『変わったね』って声をかけられることが多いんだけど、そう言われるようになったのも彼と出会ってからなんですよ」

——愛する人が、セシルの世界を広げてくれた。

「昔はあんなに"沖縄に帰りたい"って言っていたのに。最近はね、沖縄への帰省後、東京の家に帰るとホッとする自分がいるんです。それはきっと……東京に大切な人がいるからなのかもしれないけど」

——10年前は「自分がこんな気持ちになるなんて、こんな未来が訪れるなんて、想像もしていなかった」。決して早くはないけれど、自分の気持ちと向きあいながら、ゆっくりゆっくり歩いてきた。少しずつだけど、成長しながら変

わることができた。でも、ひとつだけ今も昔も変わらない強い想いがセシルの中に存在する。それは「いつか沖縄に帰りたい」という想い。

「彼は沖縄出身ではないんだけど、沖縄が大好きな人で。私たちの出会いも共通の沖縄の友達が運んできてくれたんですよ。そして、彼もまた私と同じく、"いつか沖縄で暮らしたい"と思っていて……。出会ってすぐに人生を一緒に歩むふたりの姿が想像できたのは、それもひとつの理由なんです。私が沖縄に帰りたいと思うのは、沖縄で子育てをしたいと思っているから。青い空、青い海、ゆっくり流れる時間、自由な空気……住んでいる時はわからなかった"沖縄"の素晴らしさを東京が私に教えてくれた。"帰る場所"があるありがたさを教えてくれた。それを今度は私から子供に伝えたい、そう思う気持ちがとても強くて」

——セシルの今の夢は"沖縄で子供を育てながら、モデルの仕事を続けること"。「その夢を叶えるためには、沖縄から呼んでもらえるくらい魅力的なモデルにならなければいけないから。まだまだ課題は山積みです」と笑う。

「いつか沖縄に帰りたい、モデルの仕事を続けたい、それはこの本をつくる前から思っていたこと。でも実はね、この本のおかげで夢がもうひとつ増えたんです。それは10年後、またプラハの街を訪れること。10年前の自分が未来を想像できなかったように、37歳の私が何を感じ何を想うのか、今の私にはまったく想像できないけど……。その時はちゃんと笑顔でいたい。そばにいるかもしれない家族に"この10年間、お母さんはがんばったんだよ"と胸を張れる自分でいたい。そのためにも、27歳の私は思うんです。これからも"私らしく"前を向いて歩いていきたいなって」

10年前はひとりぽっちだと思っていた。「私には何もない」って思っていた。
でも気づくと、私の両手は、抱えきれないほど大切なもので溢れていた。
毎日を楽しめるようになった自分、前を向き始めた心、
私を見離さず見守り続けてくれた人たち、
育ててくれたファンのみんな、東京の友達、そして、愛する人……。
10年かけて手に入れた私のたくさんの宝物。

10 年 前 の 私 へ

2017年。私は自分の本をつくるため、今、こうやって自分への手紙を書いています。

びっくりだよね。本当は5年前にモデルをやめて、沖縄に帰っていたはずだもんね。

「東京なんてヤダー！ 地元に帰るー！」。そんなことばかり言ってるんでしょ？

それ3年間は言い続けるから（笑）。

この10年でいろいろありました。この先、苦しんだり泣いたり逃げ出したり。

そんなことも起こる。でもたくさん笑えるよ。そこは安心してほしい！

10年間で出会った人たちが、私を少しずつ変えてくれました。

私がダメダメになった時もあたたかく見守ってくれたり。ときには活も。本当に周りが支えてくれたから。

がんばれない!!って思ってたのががんばっていけたんだよ。

もう嫌いだー！なんて思っている人がいるなら、

その人こそ本当は大好きで感謝すべき人たちなんだよ。

大丈夫！ 今を楽しんでね！ なんくるないさ〜！

10 年 後 の 私 へ

27歳から37歳の私に。ここからの10年か……。

なんだかすごく変化がありそうな気もするのだけど。どうでしょう。

17歳の頃に想像していた10年後は、大きく変わっていたからなぁ（笑）。

10年後には私は沖縄にいて、モデルの仕事を続けつつ、

自分のお店を開いて……なんて夢を見ています。

そんな生活をできる人はひと握りしかいないから、

今、27歳の私ががんばらなきゃいけないね!!

いや、でも、自分なりの幸せを見つけていたらそれはそれでいいなっ。

未来はどうなるかわからないし、思いどおりにいかないこともあるけど、

10年前と一緒で、「間違ってなかった」と前を向いていてくれたらうれしいです！

変わらず、よんな〜よんな〜でいいさぁ！（笑）。

and so begins the next "10"

SHOP LIST

H（アッシュ）☎03・3793・7757
atelier ST, CAT ■st-cat.com
アニエスベー ☎03・6229・5800
アーバンリサーチ 表参道ヒルズ店 ☎03・6721・1683
アーバンリサーチ 神南店 ☎03・6455・1971
イエナ ラ ブークル ☎03・3226・5100
e.m.表参道店 ☎03・5785・0760
e.m.PICTURESQUE ☎03・6264・5185
イソップ・ジャパン ☎03・6434・7737
I-ne ☎0120・333476
H30ファッションビュロー ☎03・6712・6180
MTG ☎0120・467222
オーラリー ☎03・6427・7141
オックスフォードタイム ☎042・724・5581
カージュ ルミネエスト新宿店 ☎03・5312・7597
CA4LA ショールーム ☎03・5775・3433
クロエ カスタマーリレーションズ ☎03・4335・1750
コーセーコスメポート ☎03・3277・8551
Continuer ☎03・3792・8978
コンフォートジャパン ☎0120・395410
THE WALL SHOWROOM ☎03・5774・4001
サロン ド ナナデェコール ☎03・6434・0965
GMPインターナショナル ☎0120・178363
資生堂お問い合わせ先 ☎0120・814710
シチズンズ・オブ・ヒューマニティ・ジャパン ☎03・6805・1777
CPR TOKYO ☎03・6438・0178
ジャック・オブ・オール・トレーズ プレスルーム ☎03・3401・5001
ジャーナル スタンダード 表参道 ☎03・6418・7958
ジャーナル スタンダード レリューム 表参道店 ☎03・6438・0401
ジャンティーク ☎03・5704・8188
ジョー マローン ロンドン ☎03・5251・3541
ショールーム セッション ☎03・5464・9975
ジルスチュアート 青山店 ☎03・3470・0216
シンゾーン ルミネ新宿店 ☎03・5909・4088
styling/ ☎03・6721・1878
スタイルデパートメント ☎03・5784・5430
スピック＆スパン ルミネ有楽町店 ☎03・5222・1744

スレトシス イン ☎03・5775・7550
ティナナ ☎03・6276・7172
DES PRÉS 丸の内店 ☎0120・983533
デコール アーバンリサーチ ニュウマン新宿店 ☎03・6457・8626
ドラスティック ☎03・5773・1060
パナソニック お客様ご相談センター ☎0120・878691
原宿シカゴ神宮前店 ☎03・5414・5107
ハリウッド ランチ マーケット ☎03・3463・5668
バロックジャパンリミテッド ☎03・6730・9191
ビオデルマ ジャポン ☎0120・979260
ビーシービージーマックスアズリア ジャパン ☎0120・591553
ビームス ウィメン 渋谷 ☎03・3780・5501
ビューティフルピープル 青山店 ☎03・6447・1869
フィッツコーポレーション ☎03・6892・1332
フラッパーズ ☎03・5456・6866
フリークス ストア渋谷 ☎03・6415・7728
マザーアース・ソリューション ☎03・6447・1204
マチュピチュ ☎03・5459・3713
MIRROR MIRROR ☎03・6427・1811
メゾン イエナ（自由が丘店）☎03・5731・8841
モスコット トウキョウ ☎03・6434・1070
LIFE's 代官山店 ☎03・6303・2679
リーバイ・ストラウス ジャパン ☎0120・099501
lilLilly TOKYO ☎03・6721・1527
ルシェルブルー カスタマーサービス ☎03・3404・5370
ローズ バッド ☎03・3797・3290
ロレアル パリ［お客様相談室］☎03・6911・8483
Long Beach Antage ☎03・6438・9946

＊本書掲載製品の価格は、本体価格（税抜き）で表示しております。
＊本書に掲載されている情報は2017年11月時点のものです。
＊一部アイテムはすでに販売を終了している場合があります。
＊リストにないブランドに対するお問い合わせはご遠慮いただきますようお願い申し上げます。

STAFF

COVER
photography：尾身沙紀[io]
hair&make-up：川添カユミ[ilumini.]
styling：樋口かほり[kind]

p001-027, p117-122
photography：土山大輔[TRON]
hair&make-up：野口由佳[ROI]
styling：安藤真由美[Super continental]
coordination〈Praha〉：石川 綾

p028-047
photography：大辻隆広[go relax E more]
hair&make-up：川添カユミ[ilumini.]
styling：石上美津江

p048-049
illustration：小田原愛美

p050-059　　　　　　p063　　　　　p060-061, p064-065, p126
photography：尾身沙紀[io]　photography：岩城裕哉　photography：三瓶康友

hair&make-up：川添カユミ[ilumini.]
styling：樋口かほり[kind]
edit&text：森山和子

p066-071
photography：柴田文子[étrenne]
styling：中里真理子(food)　大平典子(model)
food coordination：コマツザキ・アケミ

p076-099, p108-113
photography：尾身沙紀[io]
hair&make-up：林 由香里[ROI]
styling：樋口かほり[kind]

p098-113
interview&text：石井美輪

Special thanks
今田耕司　佐藤栞里　松山愛里　由美さん　モモさん　あいぼん　岸本康子　岸本ファミリー　岸本トト　チビ♥
五十嵐勇生　藤原広志　渡会春加　花村克彦　長澤なゆ [kind]　大山諒子　西 純歩　Mr.Tomáš Lachout　土岐洋一郎 [NASH]　五十嵐貴勇 [NASH]
福井小夜子　ソリデンテ南青山　フォーシーズンズホテル 丸の内 東京
Ms.Lucie Nová(p001,p010-011,p018-019,p026-027)　Hotel Century Old Town Prague-MGallery by Sofitel(p004-007)
Hotel U Raka(p012-013)　Pekařství Moravec s.r.o.(p014-015)
Botanická zahrada Přírodovědecké fakulty Univerzity Karlovy(p118-121)　Cafe Letka(p122)
Obecní dům(p008-009,p022-024,p117)　a.s.FarmPromarket Praha s.r.o.(p014-015)

10年間で出会い、かかわったすべての人たちに……

art direction & design
須永真由

management
丸山佳之　坂本亜樹[NAMe MANAGEMENT]

edit&text
河 昌奈　久保田梓美

この一冊を作っていたら
タイムカプセルを掘り起こしてる
みたいに、あの頃の自分に戻れたり
17〜27歳までの出来事を改めて
思い返せる大切な時間を過ごす事が
出来ました。関わってくれた皆さんに
本当に感謝でいっぱいです。
「CECIL 10」は私の宝物です。
いつも応援してくれている皆さん、
この一冊を手に取ってくれた皆さん、
本当に本当にありがとうございます！

ありが10!!

岸本セシル

きしもと・せしる●1990年2月22日生ま
れ、沖縄県出身。2007年のデビュー以来、
『non-no』専属モデル、資生堂「インテ
グレート」CMミューズ、テレビ番組『ア
ナザースカイ』のMCなど各方面で活躍。
現在は『MORE』『sweet』『ar』などのファ
ッション誌でレギュラー&カバーモデ
ルを務め、CMやテレビなどに出演。沖縄
市親善観光大使「ちゃんぷる〜沖縄市大
使」を務める

CECIL 10

2017年11月30日　第1刷発行

著者　岸本セシル

発行人　日高麻子
発行所　株式会社　集英社
　　　　〒101-8050　東京都千代田区一ツ橋2-5-10
　　　　電話　編集部　03-3230-6350
　　　　　　　読者係　03-3230-6080
　　　　　　　販売部　03-3230-6393（書店専用）

印刷　大日本印刷株式会社
製本　ナショナル製本協同組合

造本は充分注意しておりますが、乱丁・落丁（本のページ
の順序の間違いや抜け落ち）の場合はお取り替えいたしま
す。購入された書店名を明記して小社読者係にお送りくだ
さい。ただし、古書店で購入されたものについてはお取り
替えできません。
本書の一部あるいは全部を無断で複写・複製することは、
法律で認められた場合を除き、著作権の侵害になります。
また、業者など、読者以外による本のデジタル化はいかな
る場合でも一切認められませんのでご注意ください。

©2017 Shueisha.Printed in Japan
ISBN　978-4-08-780822-3 C0076